SCHREIBERS GLATTKOPFLEGUAN
LEIOCEPHALUS SCHREIBERSII

Thomas Ackermann

Bei diesem weiblichen Tier sieht man sehr gut, wie die kontrastreiche Rückenzeichnung je nach Untergrund konturauflösend wirkt und somit eine gute Tarnung gegenüber Vögeln und anderen Fressfeinden darstellt. Foto: T. Ackermann

Inhalt

Bildnachweis
Titelbild: Männlicher *Leiocephalus schreibersii*
Kleines Bild: Flankenbeschuppung eines Männchens
Seite 1: Männlicher *Leiocephalus schreibersii*
Fotos: T. Ackermann

ISBN 3-937285-70-9 ISBN 13: 978-3-937285-70-2

Natur und Tier - Verlag GmbH
An der Kleimannbrücke 39/41
48157 Münster
www.ms-verlag.de

Geschäftsführung: Matthias Schmidt
Lektorat: Heiko Werning & Kriton Kunz
Layout: Nick Nadolny
Druck: Druckhaus Fromm, Osnabrück

Vorwort

IM Zoohandel tauchen regelmäßig Glattkopfleguane der Gattung *Leiocephalus* in großen Stückzahlen auf. Insbesondere sind hier *Leiocephalus personatus*, *L. schreibersii* und in letzter Zeit auch *L. carinatus* zu nennen. Obschon die Tiere durchgehend angeboten und immer wieder als anspruchslose „Einsteigertiere" deklariert werden, hört man eher selten von langfristig erfolgreicher Haltung über mehrere Jahre oder einer regelmäßigen Vermehrung.

Die artgerechte, kontinuierliche Pflege von *Leiocephalus* ist bei weitem nicht so anspruchslos wie häufig angenommen. Hinterfragt man das Scheitern der Haltung, so liegt die Ursache meist in der Unkenntnis adäquater Haltungsparameter. Dies führt dazu, dass die Tiere unter Umständen über einen langen Zeitraum – für den unerfahrenen Halter nicht erkennbar – unterversorgt bleiben, schließlich aber sichtbar erkranken und eingehen.

In der deutschsprachigen terraristischen Literatur wird *Leiocephalus* eher peripher behandelt, detaillierte gattungsbezogene Ausführungen gibt es kaum. In den neunziger Jahren kam es mehrfach zu falschen Bildzuordnungen bei *L. schreibersii* und dem Maskenleguan *L. personatus* (Rogner 1992 S. 258; Schmidt & Henkel 1995 S. 222; Nietzke 1998 S. 271), was heute noch zu Verwechslungen der beiden Arten führt. Auch im Handel werden beide häufig namentlich vertauscht, wobei die deutsche Bezeichnung von „Haiti-Glattkopfleguan" über „Bunter Maskenleguan" bis hin zu „Haiti-Maskenleguan" variiert. Der Eindeutigkeit zuliebe ist in Anlehnung an den wissenschaftlichen Namen *Leiocephalus schreibersii* die deutsche

Glattkopfleguane der Gattung *Leiocephalus*

ÜBER die systematische Einordnung der Gattung *Leiocephalus* wurde in den letzten Jahren mehrfach diskutiert. Sie wird innerhalb der Leguane (Iguanidae) der artenreichen und geographisch weit verbreiteten Unterfamilie der Kielschwanzleguane (Tropidurinae) zugeteilt. Aufgrund diverser phylogenetischer und morphologischer Untersuchungen sehen ei-

Bezeichnung „Schreibers Glattkopfleguan" sinnvoll, wie sie bereits in der Literatur Anwendung findet (NIETZKE 1998; RAUH 2000).

Das Anliegen dieses Buches ist es, die artgerechte Haltung und Vermehrung von *L. schreibersii* im Terrarium zu unterstützen. Hinweise über die Lebensweise und das Verhalten im natürlichen Habitat können auf den eng begrenzten und künstlichen Lebensraum „Terrarium" übertragen werden, um Bedingungen zur Entfaltung arttypischen Verhaltens zu schaffen. Empfehlungen zu Anschaffung, Terrariengestaltung, Ernährung bis hin zur Vermehrung und Aufzucht sollen als Hilfestellung zur langfristig erfolgreichen Haltung dienen.

Dieses Buch sieht sich ferner als Instrument zur Erweiterung der „Fangemeinde" von *Leiocephalus*, denn obwohl die Tiere ständig im Handel auftauchen, wird die eher schleppende Etablierung in der Terraristik den interessanten Verhaltensweisen und Besonderheiten dieser bemerkenswerten kleinen Echsen keinesfalls gerecht.

Ältere Männchen von *Leiocephalus schreibersii* sind imposante Tiere. Foto: T. Ackermann

Thomas Ackermann

Aachen, im Frühjahr 2006

nige Wissenschaftler die Gattung *Leiocephalus* aber auch als eigene Familie (Leiocephalidae) innerhalb der Überfamilie der Iguania (Leguanartige) (FROST et al. 2001).

Leiocephalus ist mit 28 beschriebenen Arten, von denen sechs als ausgestorben gelten, in der Karibik beheimatet. Es handelt sich ausnahmslos um sonnenliebende Echsen mit einer Gesamtlänge

***Leiocephalus-schreibersii*-Pärchen (links das Männchen, rechts das Weibchen)**
Foto: T. Ackermann

Beschreibung

BEI Schreibers Glattkopfleguan, *Leiocephalus schreibersii* (GRAVENHORST, 1837), handelt es sich um einen kompakt gebauten, mittelgroßen Vertreter der *Leiocephalus*-Gruppe. Vom Nacken aus verläuft über der Wirbelsäule ein bei Männchen stärker ausgeprägter, 1–2 mm hoher Kamm gekielter Schuppen bis auf das letzte Schwanzdrittel. Eine deutliche Seitenfalte zieht sich von der Achselgegend bis zu den Hinterextremitäten über die Flanken.

Die Tiere können eine Gesamtlänge (GL) von ca. 25 cm erreichen, wobei die Kopf-Rumpf-Länge (KRL) bis zu 11 cm beträgt. In ihrer Endgröße übertreffen die bullig wirkenden Männchen weibliche Exemplare deutlich, die selten eine GL von 20 cm überschreiten. Die gut ausgebildeten Gliedmaßen sind kräftig und ein Hinweis auf die bodenorientierte Lebensweise und die Grabtätigkeit von *L. schreibersii*. Neben der Nominatform *L.*

von 15–30 cm, die vorwiegend bodenorientiert leben. Der bevorzugte Lebensraum reicht je nach Art vom dichten Trockenwald über offene Gras- und Buschlandschaft bis hin zu vegetationsarmen, steppen- und wüstenartigen Zonen oder Geröllfeldern. Die Arten der Gattung *Leiocephalus* werden im Englischen gemeinhin als „Curly-Tailed Lizard" bezeichnet. Dieser Name entstand durch die Eigenart einiger Arten, ihren Schwanz in der innerartlichen Kommunikation und möglicherweise zur Feindablenkung aufzurollen und hin und her zu schlängeln („curly" = geringelt). *Leiocephalus carinatus*, der Rollschwanzleguan auf Kuba, praktiziert dieses Verhalten sehr intensiv. Der ebenfalls auf Kuba beheimatete *L. cubensis* zeigt es weniger ausgeprägt. Bei anderen Vertretern der Gattung, darunter auch *L. schreibersii*, ist die beschriebene Verhaltensweise kaum oder gar nicht zu beobachten.

***Leiocephalus persontus* (links das Weibchen, rechts das Männchen)** Foto: Theo Clanzett

schreibersii schreibersii wird außerdem die Unterart *L. s. nesomorus* aufgeführt. Schreiber et al. (1995) unterscheiden beide Unterarten anhand ihrer Färbung sowie der Anordnung der Kopfschuppen und legen zur Bestimmung einige Kriterien fest, die sich in der Praxis allerdings als wenig hilfreich erweisen, da die meisten Exemplare Merkmale beider Charaktere aufweisen und nicht eindeutig einer Unterart zuzuordnen sind.

WUSSTEN SIE SCHON?

Namensgebend für die Gattung *Leiocephalus* sind die relativ glatten Schuppenplatten der oberen Kopfpartie (griech. leios = glatt, griech. kephale = Kopf), die sich deutlich von der ansonsten gekielten Beschuppung absetzen.

Geschlechtsreife Männchen zeigen durchgehend prächtige Färbungen. Als Grundtönung ziehen sich beige-braune bis graue Töne mit kielförmigen Querbindenan-

Die vergleichsweise großen, glatten Schuppen auf dem Kopf haben den Glattkopfleguanen ihren Namen gegeben und sind bei *Leiocephalus schreibersii* gut zu erkennen.
Foto: T. Ackermann

sätzen oder einem unregelmäßigen dunkleren Mittelstreifen über den Rückenbereich. Brust- und Bauchbereich sind weißlich bis grau mit lokal blauen und orangen Nuancen. Der Schwanz kann türkise Schattierungen annehmen und weist seitlich vereinzelt gesprenkelte, an der Unterseite fast durchgehend rötliche Färbungen auf. Die Gliedmaßen sind in blassen Braun- und Grautönen gefärbt. Neben einer orangen „Maske" im Augenbereich sind lateral (seitlich) 5–6 kräftige rote Querbinden vorhanden, die bis unter den Bauch reichen können und sich dort verlieren. Im Kehlbereich kommen je nach Verfassung und Stimmung bläuliche bis orange Tönungen zur Geltung. Den ganzen Körper beider Geschlechter zieren kleine helle Punkte, die besonders in Stressfärbung kontrastreich hervortreten können. Die Weibchen sind vergleichsweise schlicht gefärbt. Zwar entsprechen die Zeichnungsmuster im Wesentlichen denen der Männchen, sind jedoch ausschließlich in

Tab. 1: Kriterien zur Unterscheidung der beiden Unterarten von *Leiocephalus schreibersii* nach Schreiber et al. (1995)

	L. schreibersii schreibersii	*L. schreibersii nesomorus*
Rückenzeichnung	Blasse Färbung, häufig mit gelben bis goldfarbenen, unregelmäßigen Punkten	Unregelmäßig gerandeter brauner Mittelstreifen, seitlich eingefasst von blassen Bändern, ohne Flecken oder Punkte
Bauchfärbung	Blasse Grau- oder Blautöne	Blasse Rosa- und Orangetöne
Kopfbeschuppung	parietale (Scheitel-) Schuppen, normalerweise nicht in direktem Kontakt	parietale (Scheitel-) Schuppen, normalerweise in direktem Kontakt

Dieses geschlechtsreife Männchen zeigt die arttypischen bunten Zeichnungen. Foto: T. Ackermann

Weibliche *Leiocephalus schreibersii* sind ausschließlich in Brauntönen gezeichnet.
Foto: T. Ackermann

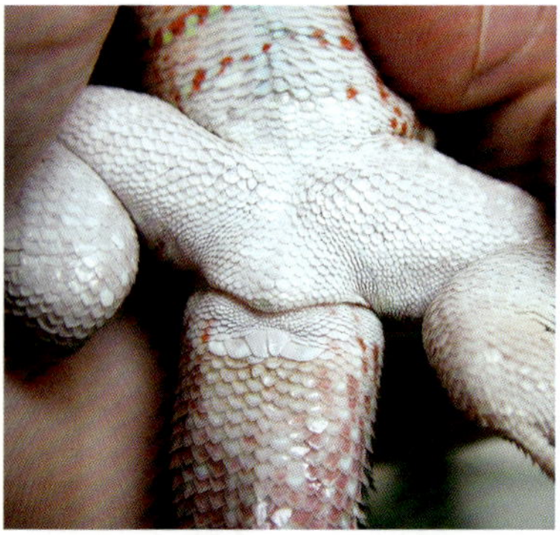

In der Bauchansicht fällt zum einen der farbliche Unterschied zwischen Männchen (links) und Weibchen (rechts) auf. Zudem ist beim Männchen die Vergrößerung der Postanalschuppen zu erkennen, die beim Weibchen meist fehlt oder nur schwach ausgeprägt ist. Fotos: A. Danier

Verbreitung und Lebensraum

DAS Verbreitungsgebiet von *Leiocephalus schreibersii* befindet sich auf Hispaniola, der mit einer Fläche von ca. 75.000 km² nach Kuba zweitgrößten Karibikinsel. Im Westen liegt die Republik Haiti, den östlichen Teil bildet die Dominikanische Republik, die etwa zwei Drittel der Gesamtfläche Hispaniolas einnimmt.

Schreibers Glattkopfleguan kommt insbesondere in Haiti sowie im Nord- und Südwesten der Domini-

WUSSTEN SIE SCHON?
Leiocephalus schreibersii wurde in die USA eingeschleppt und hat in Florida mehrere stabile Populationen gebildet.

Verbreitung (rot markiert) von *Leiocephalus schreibersii* in der Karibik und als invasiv etablierte Art in Florida

Sand- und Brauntönen mit gelblichen Nuancen gehalten.
Zur Geschlechtsbestimmung semiadulter (noch nicht geschlechtsreifer), noch nicht ausgefärbter *L. schreibersii* ist ein Vergleich der Kloakengegend notwendig. Bei den Männchen lassen sich meist 4–6 vergrößerte Postanalschuppen feststellen. Allerdings können diese in seltenen Fällen auch bei Weibchen leicht vergrößert sein.

WUSSTEN SIE SCHON?
Färbung und Körpergröße sind ein aussagekräftiges Unterscheidungsmerkmal bei der Geschlechtsbestimmung erwachsener Exemplare. Bei jungen oder semiadulten Exemplaren sind diese Kriterien nur für den erfahrenen Halter erkennbar. Zeigen sich an den Flanken erste rötliche oder bläuliche Ausfärbungen, oder beginnt sich die Augenpartie orangebraun zu tönen, handelt es sich in jedem Fall um Männchen. Diese Ausfärbung kann unter Umständen sehr spät erfolgen, sodass selbst bei größeren, noch nicht ausgefärbten Exemplaren die Beschaffenheit der Postanalschuppen als zusätzliches Bestimmungskriterium herangezogen werden muss. Diese sind bei den Männchen stark vergrößert.

Trockene, mit Dornbüschen, Felsen und Gehölzen durchsetzte, offene Landschaftsabschnitte sind typische Habitate von *Leiocephalus schreibersii*.
Foto: F. Henke

kanischen Republik vor und bewohnt dort die trockenen Abschnitte bis hin zu Bereichen mit wüstenähnlichem Charakter. Die Leguane sind in steppenartigen Flächen, in Gebieten mit Akaziengehölzen oder Opuntiendickichten und bis an die Stranddünen in unmittelbarer Küstennähe anzutreffen. Im Vergleich zum ebenfalls auf Hispaniola beheimateten Maskenleguan (*L. personatus*), der eher in den vegetationsreicheren Zonen und Trockenwäldern vorkommt, ist Schreibers Glattkopfleguan wärmeliebender und bevorzugt daher offenes, flaches, teils auch mit Felsen durchsetztes Gelände.

Die Unterart *L. s. nesomorus* bewohnt als einziger Vertreter der Gattung die Ile de la Tortue im Norden Haitis (Schreiber et al. 1995).

Klimatische Bedingungen

DAS Klima Hispaniolas ist der Lage entsprechend randtropisch, mit einem Wechsel zwischen winterlicher Trockenzeit und sommerlicher Regenzeit. Der Regen fällt überwiegend zwischen April und Oktober, wobei die Monate Juni und Juli deutlich trockener bleiben (vgl. Tab. 2). Typisch für die Karibikinsel sind große Höhenunterschiede auf engem Raum. So durchziehen vier Bergketten, durch lang gestreckte Tieflandfurchen (Grabenbrüche) voneinander getrennt, die Insel von Nordwesten nach Süd-

Tab. 2 Klimadaten von Port-au-Prince, der Hauptstadt Haitis
Quelle: Reisemedizinisches Zentrum – Tropeninstitut Hamburg

Klimastation Port-Au-Prince
41 m ü. NN, geografische Position: 72° 20′ W, 18° 33′ N

	Jan.	Feb.	März	Apr.	Mai
Mittlere Maximaltemperatur [°C]	30,8	31,3	32,3	32,9	33,4
Mittlere Minimaltemperatur [°C]	22,5	21,7	22,4	22,8	23,4
Regentage	3	5	7	11	13
Niederschlag (mm)	32	53	83	162	229
Mittlere Zahl der Sonnenstunden	8,8	9,0	9,0	8,5	8,1

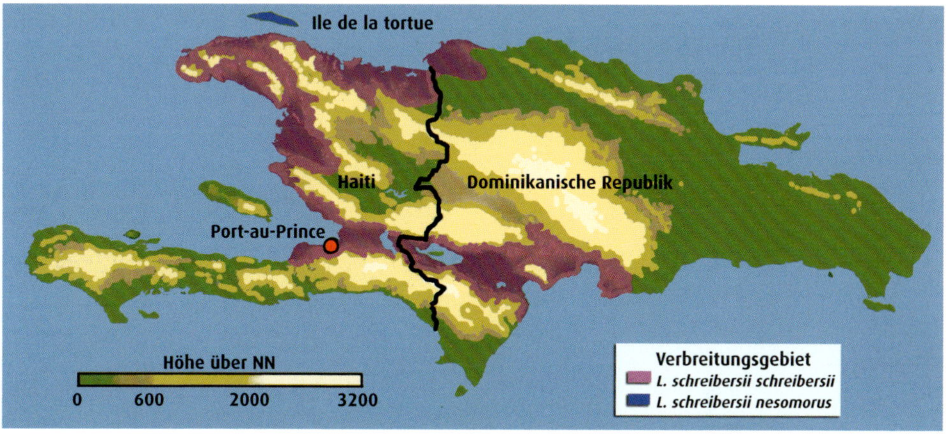

Vorkommen von *Leiocephalus schreibersii* auf Hispaniola

osten. Durch den Gebirgsverlauf weist das Klima starke regionale Unterschiede auf. Die Vegetation ist, wie auch auf den anderen Westindischen Inseln, artenreich. In den im Regenschatten der Gebirge liegenden Trockengebieten gedeihen sukkulente Pflanzen und Dornstrauchvegetation, an der Küste wachsen Mangroven und in den Höhenlagen immergrüner Berg- und Nebelwald. Durch schlechte Nutzung der Ressourcen und fehlende politische Weitsicht sind heutzutage große, ehemals bewaldete Gebiete Hispaniolas, insbesondere Haitis, gerodet, ökologisch belastet,

Juni	Juli	Aug.	Sep.	Okt.	Nov.	Dez.
34,5	35,0	35,1	34,1	33,2	32,2	31,2
24,2	25,1	24,4	24,1	23,7	23,2	22,3
8	7	11	12	12	7	3
99	74	146	173	168	85	36
8,1	8,8	8,7	7,8	7,3	8,2	8,2

und das Landschaftsbild ist dadurch erheblich beeinflusst.
Die Durchschnittstemperatur entlang den Küsten Haitis liegt bei etwa 27 °C, mit tageszeitlichen Temperaturschwankungen von 5–7 °C, die im Landesinneren deutlich höher ausfallen. Die durchschnittli-

Aktivitätszeiten

DIESE Leguanart ist durchgehend tagaktiv und verbringt die Nacht verborgen im lockeren Erdreich oder in gegrabenen Unterschlüpfen. Freilandbeobachtungen belegen, dass sich die Leguane zu Beginn der Aktivitätsperiode ausgiebig auf exponierten Plätzen, Felsen oder Baumstrünken sonnen, um möglichst schnell ihre Vorzugstemperatur zu erreichen. MARCELLINI & JENSSEN (1989) stellten fest, dass die meisten Exemplare etwa zwei Stunden nach Sonnenaufgang (9–10 Uhr) vor ihren Unterschlüpfen erschienen und abends etwa 1–2 Stunden vor Sonnenuntergang (17–19 Uhr) wieder verschwanden. *Leiocephalus schreibersii* ist stets bemüht, seine Körpertemperatur auf einem relativ konstanten Optimum zu halten und verbringt im Habitat dementsprechend viel Zeit mit der Thermoregulation durch einen ständigen Aufenthaltswechsel zwischen Sonne und Schatten. Im Laufe der Mittagszeit erreicht diese Aktivität ihren Zenit, während dessen die Leguane häufig kurze Sprints über 1–2 m zurücklegen. Dieses ausgeprägte Thermoregulationsverhalten ermöglicht es *L. schreibersii* im Gegensatz zu vielen anderen Echsen, auch während der größten Mittagshitze aktiv zu sein. Am frühen Nachmittag lässt die Aktivität nach, und es werden verstärkt schattige Plätze oder Aufenthalte in der Nähe der Unterschlüpfe aufgesucht. Messungen der Kloakentemperatur während der Hauptaktivitätszeit ergaben überwiegend Werte von 34–38 °C (SCHREIBER et al. 1993). Untersuchungen zu verschiedenen Jahreszeiten zeigten

Foto: T. Ackermann

chen Tagestemperaturen im Sommer weichen nur wenig von denen im Winter ab. Der Jahresniederschlag beträgt in Port-au-Prince, der Hauptstadt Haitis, durchschnittlich ca. 1.350 mm, im Nordwesten des Landes aber nur um die 500 mm.

In den frühen Morgenstunden ermöglicht die dunklere Färbung ein schnelleres Aufwärmen.
Foto: T. Ackermann

In der Hauptaktivitätszeit wird die Grundfärbung wesentlich heller und reflektiert somit einen größeren Teil der Wärmestrahlung.
Foto: T. Ackermann

keine schwerwiegenden Unterschiede bei der durchschnittlichen Körpertemperatur der Leguane. Für November und Mai wurden Werte von 35,9–37,3 °C gemessen (Marcellini & Jenssen 1989).

Da *L. schreibersii* im Vergleich zu anderen auf Hispaniola vorkommenden Arten eher offenes, baumloses Gelände bevorzugt und oft weitere Strecken bis zum nächsten Unterschlupf zurücklegen muss, zeigt diese Art auch ein ausgeprägteres Fluchtverhalten. Freilandbeobachtungen beziffern die Fluchtdistanz mit Werten von 2,5–6 m (Nelson et al. 2001). Die Leguane flüchten in kurzen Sprints, häufig mit hochgebogenem Schwanz, sodass bei männlichen Exemplaren die rote Unterseite sichtbar wird. Möglicherweise dient dieses optische Signal der Abschreckung.

WUSSTEN SIE SCHON?
Glattkopfleguane sind bei arger Bedrängnis in der Lage, einen Teil ihres Schwanzes abzuwerfen (Autotomie), um im Notfall Prädatoren zu entgehen. Der an einer dafür vorgesehenen Sollbruchstelle abgeworfene Teil bewegt sich noch einige Minuten, um von dem flüchtenden Leguan abzulenken. Es bildet sich ein Regenerat, das jedoch in Länge und Färbung vom ursprünglichen „Original" abweicht.

Nahrungserwerb

MIT der Futtersuche ist *Leiocephalus schreibersii* weniger aktiv beschäftigt, sondern er ist primär ein Ansitz- und Lauerjäger, der von erhöhten Plätzen Ausschau nach potenzieller Beute hält, die dann in kurzen Sprints erbeutet wird. Glattkopfleguane sind Wirbellosenfresser, d. h. sie ernähren sich überwiegend von verschiedensten Arten von Insekten und Spinnentieren, wobei Ameisen, Spinnen und Heuschrecken einen wesentlichen Anteil ausmachen. Auch bereits tote und somit unbewegliche Beute wird als solche erkannt und gefressen. Einige Exemplare von *L. schreibersii* nehmen manchmal pflanzliche Kost zu sich, was regional und saisonal bedingt unterschiedlich ausgeprägt sein kann. Meist handelt es sich dabei um Teile von Blüten oder Früchten.

Es gibt auch vereinzelte Beobachtungen, die über einen lokal ausgeprägten Kannibalismus adulter *L. schreibersii* berichten, der in diesen Populationen einen erheblichen Prädatorendruck auf die juvenilen Leguane bedeutet (Jensen et al. 1989).

Territorial- und Kommunikationsverhalten

BEI Schreibers Glattkopfleguan ist ein ausgeprägtes Territorialverhalten zu erkennen. Im Habitat bilden sowohl juvenile (= jugendliche) als auch adulte (= erwachsene) Individuen beider Geschlechter Territorien, deren Ausmaß laut Schreiber et al. (1993) etwa 5 bis über 100 m² betragen kann. Obwohl juvenile Tiere meist kleinere Territorien beanspruchen, stehen Größe oder Alter der adulten Leguane nicht im direkten Zusammenhang mit der Größe des Territoriums. Vielmehr scheinen strukturelle und qualitative Faktoren wie Unterschlupf- oder Fluchtmöglichkeiten, geeignete Sonnen- und Schattenplätze sowie Nahrungsangebot bzw. -verfügbarkeit Einfluss auf die Ausdehnung zu haben. Die Leguane halten gewöhnlich einen Mindestabstand von 2 m ein, auch wenn es gelegentlich zu Überschneidungen der Territorien kommt. Die besetzten Gebiete werden aktiv durch Drohgebärden und notfalls auch durch Kampf verteidigt.

Als Ansitzjäger beobachten Glattkopfleguane aufmerksam jede Bewegung ihrer Umgebung.
Foto: T. Ackermann

Dieses junge Männchen nutzt eine exponierte Stelle zur territorialen Überwachung. Foto: T. Clanzett

Bei der Ansitzwahl ist *Leiocephalus schreibersii* recht standorttreu – bevorzugte Plätze werden täglich für mehrere Stunden aufgesucht. Foto: T. Ackermann

Dieses junge Männchen fühlt sich durch die Kamera bedroht und reagiert aufgerichtet mit abgeflachtem Körper. Foto: T. Clanzett

In ihrem Kommunikationsverhalten sind Glattkopfleguane wie die meisten Echsen optisch orientiert. Sie verständigen sich durch bestimmte Körperhaltungen und -bewegungen, die je nach Anlass gezielt eingesetzt werden. Bei *L. schreibersii* lassen sich grob die folgenden Kommunikationsmuster differenzieren:

	Aktion	Beschreibung	mögliche Bedeutung
A	Großes Kopfnicken	Langsames Aufrichten des gesamten vorderen Körpers, dann langsame, ausladende Auf- und Abbewegung des Kopfes	Aggressive Drohgebärde zur territorialen Verteidigung, häufig im Wechsel mit **B** und in Kombination mit **D** und **E**
B	Kleines Kopfnicken	Zügig fließende Auf- und Abbewegung des Kopfes mit kleineren Amplituden als bei **A**	In Kombination mit **A, D**, **E** Drohgebärde. Isoliert eher als neutrale Kontaktaufnahme oder Imponiergebärde zu deuten.
C	Schnelles Kopfnicken	Schnelle, eher vibrierende Nickbewegungen des Kopfes ohne Aufrichten des Rumpfes mit Fortbewegung	In der Interaktion mit Geschlechtspartnern als Balzverhalten zu deuten. Oft in Kombination mit **H**.
D	Aufblähen der Kehle	Langsames Aufblähen der Kehlregion	Aggressive Drohgebärde zur territorialen Verteidigung, oft in Kombination mit **A**, **E**, selten mit **F**
E	Seitliches Abflachen	Langsames Aufrichten des gesamten Körpers in den „Vierfußstand“	Droh- und Imponiergebärde zur territorialen Verteidigung, häufig in Kombination mit **A**, **B** und **D**
F	Vorstrecken der Zunge	Aufrichten des Vorderkörpers und Kopfes mit Öffnen des Mauls und Hervorschieben der Zunge	Aggressive Drohgebärde im direkten Konflikt. Immer in Verbindung mit **D** und **E**.
G	Erhobener Schwanz	Hochbiegen der hinteren Schwanzhälfte, die farbige Unterseite wird sichtbar.	In der Fortbewegung als Balance und mögliche Feindablenkung
H	Schwanzwedeln	Rasches Wedeln der Schwanzspitze oder abruptes Schlängeln des Schwanzes	Generelle Anspannung oder Aufregung, oft vor dem Jagen bewegter Beute zu beobachten. Bei der Balz häufig vom Weibchen, evtl. als Beschwichtigungs- oder Ablenkungsgeste eingesetzt.
I	Buckel	Senken des Vorderkörpers und Krümmung des Rückens mit leichtem Aufrichten der Hinterbeine	Defensive Droh- oder Beschwichtigungsgeste, beim Weibchen oft in der Balz zu beobachten, meist in Kombination mit **H**

Tab. 3: Beobachtete Kommunikationsmuster von *Leiocephalus schreibersii*

Grundsätzliches zur Haltung von *Leiocephalus schreibersii*

ZIEL und Bestreben eines jeden Tierhalters sollten die naturnahe Haltung und Vermehrung seiner Pfleglinge sein. Grundlage hierfür sind, neben dem Vorhandensein vitaler Terrarientiere, sachliche Voraussetzungen für eine artgerechte Unterbringung. Zunächst gilt es also zu klären, ob die Anforderungen an den technischen und zeitlichen Aufwand sowie der damit verbundene Kosten- und Arbeitsanfall langfristig erfüllt werden können.

Bei der Pflege von *L. schreibersii* müssen folgende Aspekte in Kauf genommen werden:

Obwohl Schreibers Glattkopfleguan eher ein Ansitzjäger ist und nicht den ganzen Tag aktiv umherstreift, benötigt diese Art zum Wohlbefinden ein **ausreichend großes Terrarium**, dessen Grundfläche 0,80 m^2 nicht unterschreiten sollte.

Leiocephalus schreibersii ist ein Sonnenanbeter, der auch im Terrarium eine aufwändige Beleuchtung benötigt. Dies kann unter Umständen mit erheblichen Energiekosten verbunden sein. Die **richtige Lichtausstattung** des Terrariums ist nicht selten der „Schlüssel“ zur Vitalität dieser Leguane, daher darf hierbei keinesfalls gespart werden.

Bei der Ernährung der vorwiegend insektivoren Kleinleguane sollte Abwechslung herrschen. Es wird also erforderlich sein, mehrgleisig

Erwerb und Besatz

EIN Problem, vor dem Interessenten für *L. schreibersii* häufig stehen, ist der Umstand, dass es sich bei den im Handel erhältlichen Tieren zum größten Teil um männliche Wildfänge handelt. Auch die kleineren, unscheinbarer gefärbten Exemplare geben sich häufig nach einiger Zeit als junge oder unterdrückte Männchen zu erkennen. Daher sollten vor dem Bezug beim Händler neben der allgemeinen Konstitution äußerst genau Zeichnung und Färbungsansätze beobachtet und gegebenenfalls eine Rückgabeoption vereinbart werden. Sicherer und verlässlicher ist da der Bezug über einen privaten Halter oder Züchter, von denen es mittlerweile eine ge-

Schreibers Glattkopfleguan stellt an die Terrarienbedingungen gewisse Ansprüche. Abweichungen werden kurzfristig toleriert, langfristig jedoch schlecht vertragen. Foto: T. Ackermann

eine eigene **Futtertierzucht** zu betreiben oder regelmäßig diverse Futtertierarten zu kaufen.
Auch ein gesundes Tier kann einmal erkranken. Damit eine vorübergehende Separierung keine größeren Probleme bereitet, sollte kurzfristig ein **Quarantäneterrarium** verfügbar sein. Gleiches gilt bei der Aufzucht von Jungtieren, für die ausreichend Kleinbehälter vorhanden sein müssen.

wisse Anzahl gibt. Kontakte sind herzustellen über Vereinigungen wie die DGHT (Deutsche Gesellschaft für Herpetologie und Terrarienkunde e.V.), Kleinanzeigen im Fachmagazin REPTILIA (siehe „Weitere Informationen") oder Internetplattformen.
Aufgrund der bei beiden Geschlechtern ausgeprägten Territorialität ist nur eine paarweise Unterbringung sinnvoll, da sich Konkurrenten sonst bestenfalls unterdrücken, schlimmstenfalls ernsthaft bekämpfen. Beides führt früher oder später zu Krankheit oder gar Ableben des Unterlegenen, da jeder Artgenosse gleichen oder nicht erkennbaren Geschlechts als Konkurrenz und

damit als Bedrohung der eigenen Existenz angesehen sowie erbittert vertrieben wird. Vor dem Hintergrund der beschriebenen natürlichen Territoriumsausdehnung von *L. schreibersii* leuchtet ein, dass unterlegene Exemplare auch in großen Terrarien nicht geduldet werden. Ein Beispiel aus der Praxis soll dies verdeutlichen: Vier Schlüpflinge wurden gemeinsam in einem Terrarium mit 4 m² Grundfläche und vielen Versteckmöglichkeiten untergebracht. Von Beginn an zeigten die Jungtiere Droh- und Aggressionsverhalten, was durch die große Grundfläche und ausreichend Sichtschutz jedoch akzeptabel war. Zunächst verlief die Aufzucht ohne größere Probleme, bis sich nach einigen Wochen zwei dominante Exemplare herauskristallisierten, die sich das weitläufige Terrarium in zwei Hälften aufteilten. Die beiden unterlegenen Jungleguane mussten separiert werden, da sie in ihrer Aktivität stark unterdrückt wurden. Im Alter von sechs Monaten wendete sich das Blatt zugunsten eines Tieres, das die gesamte Grundfläche als sein Territorium betrachtete. Erst nach der Geschlechts-

So einträchtig würden Glattkopfleguane in freier Natur nicht übereinander sitzen. Im Terrarium arrangieren sie sich allenfalls paarweise miteinander. Foto: T. Ackermann

Terrarien solcher Ausmaße sind für Glattkopfleguane eher die Ausnahme, bieten aber vielfältige Beobachtungsmöglichkeiten des Verhaltensrepertoires dieser Kleinleguane. Foto: T. Clanzett

reife des anderen Exemplars, das sich als Weibchen erwies, erkannte das Männchen es als Partner an und duldete es in seinem Gebiet.

Nach Erhalt der Leguane empfiehlt es sich – insbesondere bei über den Handel erworbenen Wildfangtieren –, eine Kotprobenuntersuchung beim sachverständigen Tierarzt oder einer spezialisierten Institution (siehe „Weitere Informationen") durchführen zu lassen, um parasitären Befall oder andere nachweisbare Krankheiten auszuschließen bzw. nach Weisung zu therapieren. Sind die Tiere gesund und stimmen die Haltungsbedingungen, kann man sich bei einer nachweisbaren Lebenserwartung von 9–10 Jahren im Terrarium auf eine langjährige Haltung der Leguane freuen.

DER PRAXISTIPP

Die artgerechte Pflege von *L. schreibersii* kann nicht in „Gruppenhaltung" erfolgen. Auch die kontinuierlich paarweise Haltung entspricht genau genommen nicht den natürlichen Gegebenheiten. Dort besetzt jedes Individuum ein Territorium, in dessen Grenzen zeitweise die Anwesenheit von Fortpflanzungspartnern geduldet wird. Im Terrarium arrangieren sich Männchen und Weibchen jedoch meist miteinander, wobei es auch hier saisonal bedingt zu Auseinandersetzungen kommen kann.

Einrichtung und Ausstattung des Terrariums

DIE Einrichtung und Ausstattung des Terrariums haben im Wesentlichen die Aufgabe, einen für die Bewohner zweckmäßigen Ersatzlebensraum und zudem für den Betrachter einen optisch reizvollen Blickfang zu schaffen. In freier Natur können Glattkopfleguane auf die nahezu unbegrenzten Ressourcen Sonnenlicht, Aktionsraum und ein vielfältiges Nahrungsangebot zurückgreifen. Unter Terrarienbedingungen werden diese in ihrer Verfügbarkeit eingegrenzt. Umso wichtiger ist es, mit den vorhandenen Mitteln die natürlichen Gegebenheiten so gut es geht zu ersetzen. Neben gestalterischen Vorgaben, die durch Einrichtung einer naturnahen Umgebung erfüllt werden, umfasst dies vor allem die Simulation der mikroklimatischen Verhältnisse im unmittelbaren Lebensumfeld der Leguane, die durch die technische Ausstattung unterstützt wird.

DER PRAXISTIPP

Durch den Selbstbau ist man von Standardmaßen unabhängig und kann die Größe des Terrariums den örtlichen Gegebenheiten anpassen. Materialien und Planung der technischen Ausstattung sind allerdings gründlich zu planen. Für detaillierte Informationen sei hier auf die weiterführende Literatur verwiesen (Ackermann 2002).

Ob man bei der Behälterwahl auf käuflich zu erwerbende Standardterrarien zurückgreift oder sich handwerklich an den Eigenbau wagen möchte, sei jedem selbst überlassen. Nachfolgend werden Empfehlungen zu den einzelnen Haltungsparametern von *L. schreibersii* gegeben und beispielhaft Umsetzungsmöglichkeiten vorgestellt.

Standort

Der Standort des Terrariums für Glattkopfleguane wird gewöhnlich durch die räumlichen Gegebenheiten festgelegt. Von ihm hängt z. B. ab, welche technischen Hilfsmittel zur Klimatisierung erforderlich sind. Ist der Standort in unmittelbarer Fensternähe mit partieller Sonneneinstrahlung, werden an die künstliche Beleuchtung und Heizung andere Anforderungen gestellt als bei einem Platz im ungeheizten, fensterlosen Kellerraum.

Ein Platz an einer stark frequentierten Durchgangsstelle kann für die Leguane unter Umständen Dauerstress bedeuten und sich auf ihr Verhalten auswirken. Bei mehreren Möglichkeiten ist der letztendliche Standort also besonders sorgfältig auszuwählen.

Dieser Standort erlaubt einen weitgehenden Verzicht auf künstliche Beleuchtung durch Nutzung des Tageslichts. Foto: T. Ackermann

In dunklen Wohnräumen ist eine effektive künstliche Beleuchtung unbedingt erforderlich. Foto: T. Clanzett

Durch den vorhandenen Weitblick und im Garten fliegende Vögel zeigt dieses Weibchen eine erhöhte Aufmerksamkeit und Fluchtbereitschaft. Foto: T. Ackermann

Grundfläche

Für bodenorientierte Echsen wie *L. schreibersii* ist eine ausreichend dimensionierte Grundfläche im Terrarium von primärer Bedeutung. Zwar klettert der Glattkopfleguan gerne auf exponierte Stellen, den wesentlichen Aktionsraum bestimmt jedoch die horizontale Ausdehnung des Terrariums. Beim Vergleich der Raumbeanspruchung im Habitat mit dem Platzangebot im Terrarium wird schnell klar, dass die Aktionsmöglichkeiten der Leguane auf einen winzigen Bruchteil reduziert werden. Es existiert ein 1997 vom Bundesministerium für Ernährung, Landwirtschaft und Forsten herausgegebenes Gutachten mit „Mindestanforderungen an die Haltung von Reptilien“, in dem artspezifische Richtwerte zur Terrariengröße bezogen auf die KRL angegeben werden. Für *Leiocephalus* wird ein Minimalwert von 6 x 4 x 4 x KRL pro Paar angegeben. Bei einer KRL von max. 10 cm würde dies einer Grundfläche von 60 x 40 cm (0,24 m^2) entsprechen, die für eine artgerechte Haltung ohne Zweifel zu klein ist. Zwar ist *L. schreibersii* nicht den ganzen Tag

DER PRAXISTIPP

Ein heller Standort, eventuell mit partieller Sonneneinstrahlung, ist bei der Pflege von Schreibers Glattkopfleguan besonders günstig. Dabei ist jedoch die Gefahr der Überhitzung sonnenexponierter, geschlossener Terrarien zu beachten.

Auch wenn Schreibers Glattkopfleguan primär bodenorientiert ist, werden terassenförmig aufgebaute Felsrückwände gerne als zusätzlicher Aktionsraum und Präsentierplatz genutzt. Foto: T. Clanzett

Paar von Schreibers Glattkopfleguan im geräumigen Terrarium Foto: T. Clanzett

aktiv im Terrarium unterwegs, doch lassen eigene Praxiserfahrungen die Vermutung entstehen, dass die Agilität mit wachsender Terrariengröße und damit Territoriumsausdehnung ansteigt. Exemplare, die in Großraumterrarien (> 4 m^2 Grundfläche) gehalten wurden, wechselten wesentlich häufiger ihren Aufenthaltsort und zeigten deutlich öfter aktives Kommunikationsverhalten als Tiere in Standardterrarien mit 0,8 m^2 Grundfläche. Anscheinend entfallen bei der Haltung auf engstem Raum bestimmte territoriale Kommunikationsanlässe, da die entsprechenden Distanzen von vornherein unterschritten werden. Aufgrund dieser Erfahrungen sei jedem Halter von *L. schreibersii* besonders empfohlen, den Leguanen so viel Platz wie möglich zum Ausleben innerartlicher Kommunikation zur Verfügung zu stellen und somit sich selbst einige interessante Beobachtungsmöglichkeiten zu eröffnen.

Bodengrund

Da *L. schreibersii* unterirdische Unterschlüpfe nutzt und sich regelmäßig zum Schutz vor Prädatoren oder zu großer Hitze eingräbt, muss der Bodengrund eine grabfähige Beschaffenheit und entsprechende Höhe aufweisen. Geeignete Grundmaterialien können gemäß den Habitatverhältnissen ein Sand-Lehm-Gemisch, lockere Erde mit Lehm- und Sandanteilen oder auch reiner Sand sein. Interessanterweise scheint *L. schreibersii* sein Grabverhalten der jeweiligen Bodengrundkonsistenz anzupassen. Während in formstabilem lehmhaltigen oder feuchten Bodengrund unter Einsatz aller Gliedmaßen regelrechte Höhlungen gegraben werden, marschieren die Leguane in reinem, trockenen Sandgrund einfach mit dem Kopf voran unter leichten Schlängelbewegungen in das Substrat hinein. Damit im Terrarium ein stabileres Mikroklima aufrecht erhalten werden kann, sollte der Bodengrund eine Mindesthöhe von 10 cm aufweisen, die lokal auf 15–20 cm ansteigen darf, z. B. in Behälterecken, an Steinen, Wurzeln oder anderen Einrichtungsgegenständen. Dem Gewicht der erforderlichen Bodengrundmengen ist durch Überprüfung der statischen Voraussetzungen Rechnung zu tragen.

Strukturierung und Bepflanzung

Damit Schreibers Glattkopfleguan sich auf engem Raum wohl fühlt, ist die Aufteilung des Terrariums sorgfältig zu planen. Bei der paarweisen Haltung sind genügend Rückzugsplätze einzurichten, da insbesondere die Männchen während der Fortpflanzungsphase die Weibchen sehr bedrängen können. Für jedes Tier sollte mindestens ein exponierter Platz zum Sonnen zur Verfügung stehen, z. B. auf großen Steinen, Vorsprüngen oder Wurzeln. Massive Steine eignen sich besonders, da sie unter einem Strahler als Wärmespeicher fungieren können. Da sie die Wärme gut an den Bodengrund abgeben und außerdem die Feuchtigkeit unter größeren Steinen etwas konstanter bleibt, wer-

DER PRAXISTIPP

Der Bodengrund kann zur optischen Auflockerung stellenweise mit trockenem Laub, Rindenstücken oder Kieselsteinen bedeckt werden, zwischen denen sich die Leguane aufgrund ihrer Zeichnung besser tarnen können als auf einer monotonen Sandfläche. Diese Beigaben verhindern zudem ein zu rasches Austrocknen der unteren Bodenschichten.

Die Nacht oder ungünstige Klimaverhältnisse verbringt Schreibers Glattkopfleguan eingegraben im Bodengrund und erscheint erst wieder bei adäquaten Bedingungen.
Foto: T. Ackermann

DER PRAXISTIPP

Die Einrichtung bestimmt wesentlich das Verhalten der Leguane. Deckungsreiche, schattige Stellen bieten Sicherheit und sind genauso erforderlich wie exponierte Präsentationsmöglichkeiten, die zur Überwachung des Territoriums aufgesucht werden.

den solche Stellen auch bevorzugt zur Eiablage genutzt. Die Gestaltung einer Rückwand mit terrassenförmigen Ansitzmöglichkeiten, die für die Leguane einfach zu erreichen sind, kann den Aktionsraum erhöhen. Knorrige Wurzeln, einige derbe Pflanzen oder Sukkulenten werten das Trockentrerrarium optisch auf und bieten zudem Sichtschutz. Es ist darauf zu achten, nur getopfte Pflanzen einzusetzen, da andernfalls empfindliche Wurzeln bei Grabtätigkeiten der Leguane freigelegt oder beschädigt werden können. Eine stellenweise Bepflanzung erleichtert den Leguanen die Trinkwasseraufnahme, da nach dem Übersprühen des Terrariums häufig Wassertropfen von den Blättern geleckt werden.

Auch mit Kunstfelsen und Plastikpflanzen lassen sich optisch ansprechende Arrangements erzeugen. Foto: T. Ackermann

HQI-Strahler sind gut zur hellen Ausleuchtung begrenzter Bereiche einsetzbar.
Foto: T. Ackermann

Für die Beleuchtung des Leguanterrariums ist eine Vielzahl von Lampentypen verfügbar.
Foto: T. Clanzett

PAR-Strahler eignen sich durch ihren hohen Anteil langwelliger Wärmestrahlung bestens zur Schaffung lokaler Sonnenplätze.
Foto: T. Ackermann

Zeitschaltuhren automatisieren die Steuerung der Beleuchtungsintervalle und minimieren den manuellen Arbeitsaufwand.
Foto: T. Clanzett

Beleuchtung

Der Beleuchtung kommt bei der Haltung von *L. schreibersii* große Bedeutung zu, sind diese Leguane in der Natur doch regelmäßig Beleuchtungsstärken von weit über 100.000 lx (lx = Lux = Lichtstrom [lumen] pro beleuchtetem Quadratmeter) ausgesetzt. Daher verbietet es sich von selbst, bei der Pflege solch sonnenliebender (heliophiler) Echsen, deren ganzer Aktivitäts- und Vitalitätszyklus entscheidend von intensivem Tageslicht abhängt, an der Beleuchtung zu sparen. Um eine vergleichbare Lichtintensität durch Glühlampen künstlich zu erreichen, müsste eine Leistung von etwa 7.000 W auf einen Quadratmeter gerichtet werden, was utopische Energiekosten und eine enorme Wärmeentwicklung verursachen würde. Glücklicherweise exis-

DER PRAXISTIPP

Werden Glattkopfleguane durch abwechslungsreiche und gehaltvolle Ernährung ausreichend mit den nötigen Vitaminen, Mineral- und Nährstoffen versorgt, zeigen adulte Exemplare auch ohne zusätzliche UV-Strahlung jahrelang keine sichtbaren Mangelerscheinungen. Bei der Aufzucht der empfindlichen Jungtiere ist eine zusätzliche Bestrahlung mit UV-Licht allerdings ratsam.

Bezeichnung	Kurzinformation
Lampen zur flächigen Ausleuchtung des Terrariums	
Leuchtstofflampen	In vielen verschiedenen Längen, Wattstärken und Lichtfarben erhältlich. Durch ihre große Oberfläche geben sie ein diffuses Licht ab. Mit elektronischen Vorschaltgeräten erzeugen die Lampen kaum noch Wärmestrahlung. Die neue T5-Generation hat eine deutlich höhere Lichtausbeute als die herkömmlichen T8-Röhren.
HQL-Leuchte	Quecksilberdampflampen. Als Hängeleuchten aus der Aquaristik bekannt. 50, 80, 125 oder 250 W. Elipsoide Birnen. Als Bausatz oder schwere Komplettleuchte erhältlich.
HQI-Strahler	Halogenmetalldampflampen. Als Hängeleuchte u. a. aus der Meerwasseraquaristik bekannt. Schwere Strahler mit Vorschaltgerät zur Wand-, Decken- oder Einbaumontage, 70 und 150 W. Auch in höheren Leistungen erhältlich, aber dann für Standardterrarien eher ungeeignet.
Lampen zur lokalen Erwärmung des Terrariums	
PAR-Strahler	Robuste Strahler, die auch für den Freilandbetrieb geeignet sind. Gängig in den Stärken 60, 80 und 120 W, jeweils als punktuelle "Spot"- oder flächige "Flood"-Ausführung. Hoher Anteil langwelliger Strahlung.
Halogenspots	Niedervoltlampen mit Trafo als Komplettleuchten oder Bausatz erhältlich. Einbaustrahler geben die Wärme vorwiegend nach hinten ab („Kaltstrahler"), bei Aufbaustrahlern erfolgt die Wärmeabgabe nach vorne. Auch als Hochvoltstrahler oder als Baustrahler in stärkeren Wattzahlen erhältlich.
Spotstrahler	Glühlampen mit eingedampftem Reflektor – in allen möglichen Wattstärken zwischen 20 und 100 W erhältlich. Auch als Speziallampen mit Tageslichtspektrum und UV-Anteilen erhältlich.
Speziallampen	
UV-Lampen	Lampen mit UV-Anteil im Strahlungsspektrum sind erhältlich als herkömmliche Spotlampen, als Leuchtstofflampen, Kompakt-Leuchtstofflampen mit geringer Wattzahl sowie als leistungsstarke Spezialstrahler (100, 160 oder 300 W)
Keramikstrahler	Ausschließlich Wärme abgebende Dunkelstrahler ohne sichtbares Licht. In Stärken von 60 bis mehreren Hundert Watt erhältlich.

Tab. 4: Übersicht gängiger Lampentypen für den Einsatz im Terrarium für Schreibers Glattkopfleguan – je nach Zielsetzung in unterschiedlichen Kombinationen (vgl. Ackermann 2002).

Beurteilung

Erzeugen eine gleichmäßige Ausleuchtung des Terrariums ohne effektive Wärmestrahlung. Preiswert in der Anschaffung. Sinnvoll nur in entsprechender Wattstärke bzw. Anzahl.

In geringem Abstand und mit gutem Reflektor zur lokalen Ausleuchtung geeignet. Eher kaltes, weißes Licht mit hohem Blau- und wenig Rotanteil.

Zur Ausleuchtung bei *Leiocephalus* dringend zu empfehlen, da ideale Kombination aus hoher Lichtausbeute und milder Wärmestrahlung. Optisch ansprechende Lichtakzente – selbst in hohen und größeren Behältern. Hoher Anschaffungspreis.

Zur Schaffung lokaler Sonnenplätze gut geeignet. Mit durchschnittlich einem Jahr (bei 12 Stunden täglich) liegt die Lebensdauer deutlich höher als bei herkömmlichen Spots, daher trotz des höheren Anschaffungspreises auf Dauer wirtschaftlicher.

Aufgrund der geringen Wattzahl (gängig ab 10 W) sind die Niedervoltstrahler für kleine Terrarien oder zur Aufzucht gut geeignet. Die Hochvolt-Reflektorspots sind vergleichsweise teuer. Weniger geeignet zur lokalen Erwärmung sind die preiswerten, wattstarken Baustrahler – durch ihre enorme Wärmeentwicklung sind sie allenfalls in großen Terrarien einsetzbar.

Zur Schaffung lokaler Sonnenplätze gut geeignet. Herkömmliche Spots recht preisgünstig, allerdings mit einer durchschnittlichen Lebensdauer von 3–5 Monaten (bei 12 Stunden täglich) deutlich unter derjenigen der PAR-Strahler. Spots mit Spezialspektrum mit recht hohem Anschaffungspreis.

Lampentypen mit geringer Wattzahl (Spots und Leuchtstofflampen) zur Dauerbeleuchtung einsetzbar. Die leistungsstarken Spezialstrahler nur zur kurzzeitigen Bestrahlung zu empfehlen, um Verbrennungen oder andere Schäden zu vermeiden.

Allenfalls zur Lufterwärmung an sehr kühlen Standorten geeignet, um eine gewisse Mindesttemperatur zu gewährleisten.

Anwendungsbeispiel im Terrarium 160 x 70 x 100 cm (L x B x H)		
Ausstattung		
Lampen zur Ausleuchtung	2 x HQI, 150 W, 1 x Leuchtstofflampe, 36 W	
Lampen zur lokalen Erwärmung	2 x PAR-Strahler, 60 W	
UV-Lampen	1 x Osram UltraVitaLux (Abstand 80 cm), 300 W	
Beleuchtungszyklus mit 5 Schaltkreisen (SK)		
10.00 h	SK 1: Einschalten Leuchtstofflampe	Morgendämmerung
11.00 h	SK 2: Einschalten HQI-Strahler 1	Tageslicht nimmt zu
12.00 h	SK 3: Einschalten HQI-Strahler 2 SK 4: Einschalten Spots	Sonne gewinnt an Kraft
14.00 h	SK 5: Einschalten UV-Strahler	Volle Beleuchtungsstärke
14.30 h	SK 5: Ausschalten UV-Strahler	Zenit überschritten
17.00 h	SK 2: Ausschalten HQI-Strahler 1	Mittagshitze nimmt ab
20.00 h	SK 4: Ausschalten Spots	Sonne verliert an Kraft
21.00 h	SK 3: Ausschalten HQI-Strahler 2	Sonnenuntergang
22.00 h	SK 1: Ausschalten Leuchtstofflampe	Abenddämmerung

Tab. 5: Beispiel für den Einsatz verschiedener Lampentypen im Terrarium

> **DER PRAXISTIPP**
> Damit die Bedingungen im Terrarium nicht zu eintönig werden, empfiehlt es sich, von Zeit zu Zeit Wetterschwankungen zu simulieren und z. B. die Heizstrahler an manchen Tagen einfach auszuschalten.

tieren neben den klassischen Glühlampen andere Lampentypen, die ihre Energie wesentlich effektiver in Lichtstrom umsetzen.

Die Beleuchtung in einem Terrarium für Glattkopfleguane dient in erster Linie zwei Zwecken: Zum einen soll sie den Behälter möglichst hell ausleuchten, da *L. schreibersii* zum Wohlbefinden eine hohe Lichtintensität benötigt, zum anderen wie die Sonne für genügend langwellige Wärmestrahlung sorgen. Darüber hinaus wird seit langer Zeit über die Notwendigkeit und Bedeutung ultravioletter Strahlung für den Vitaminhaushalt bei der Pflege heliophiler Reptilien diskutiert. Es ist sicher nicht verkehrt, in Anlehnung an die natürlichen Verhältnisse diesen Bereich des Lichtspektrums mittels Speziallampen abzudecken. In der Praxis wurde jedoch eher die Erfahrung gemacht, dass die Beleuchtungsstärke von viel größerer Bedeutung zu sein scheint als die Abdeckung des gesamten Lichtspektrums. Ein teurer UV-Strahler hat keinen Nutzen, wenn Stärke und Zusammensetzung der sonstigen Beleuchtung mangelhaft sind.

Als Richtwert für die durchschnittliche Beleuchtungsdauer können 12 Stunden angesetzt werden, wobei eine Reduzierung um 2–3 Stunden während der Wintermonate den Jahresrhythmus unterstützt. Je nach Anzahl und Wattstärke der Lampen können mittels einzeln gesteuerter Schaltkreise die im Tagesverlauf unterschiedlichen Beleuchtungsstärken des Habitats nachempfunden werden.

Der Einsatz von Strahlern verbindet die notwendige Wärmezufuhr mit zusätzlichem Licht und entspricht somit mehr den natürlichen Gegebenheiten als die Verwendung „reiner" Wärmequellen. Foto: T. Ackermann

Temperatur und Heizung

Als wechselwarme Organismen sind Glattkopfleguane darauf angewiesen, durch Aufnahme von Wärmestrahlung ihre Aktivitätstemperatur zu erreichen, damit der Stoffwechsel arbeiten kann. Weit über der Aktivitätstemperatur liegt die Vorzugstemperatur, deren Erreichen und Halten die Leguane durch Thermoregulation anstreben. Es ist also darauf zu achten, dass im Terrarium lokal Bereiche vorhanden sind, die diese Temperaturen bieten, vorzugsweise an exponierten Stellen.

Schreibers Glattkopfleguan bevorzugt tagsüber Lufttemperaturen von 29–35 °C, wobei die Lokaltemperatur an exponierten Stellen vorübergehend bis 50 °C betragen kann. Nachts ist ein Rückgang der Werte auf 21–25 °C sinnvoll.

Zum Erreichen der benötigten Umgebungstemperaturen kann

Die Umgebungstemperatur an den Aufenthaltsplätzen der Leguane sollte regelmäßig überprüft werden. Foto: T. Ackermann

eine zusätzliche Wärmequelle notwendig sein. Oftmals werden hierzu Heizmatten, -kabel oder spezielle Keramikstrahler eingesetzt, die langwellige Infrarotstrahlung abstrahlen und zur Boden- oder Lufterwärmung dienen. Bei lichthungrigen Echsen wie *L. schreibersii* ist die Verwendung solcher Dunkelstrahler jedoch kritisch zu betrachten, da jegliche Wärmestrahlung möglichst mit Licht verbunden sein sollte. Der Einsatz von Bodenheizungen wie Matten oder Kabeln ist ebenfalls zu überdenken, da sie nicht den natürlichen Bedingungen entsprechen. Schreibers Glattkopfleguan gräbt sich zum Schutz vor zu hohen Temperaturen instinktiv im kühleren, in tieferen Bereichen auch feuchten Boden ein. Dem wird durch eine Bodenheizung entgegengewirkt, da die Wärme im Bodengrund im Vergleich zur Lufttemperatur ansteigt. Zudem wird der Bodengrund durch die Wärme von unten zu schnell ausgetrocknet, was das Mikroklima im Terrarium negativ beeinflusst. Aus diesem Grund sollte lieber auf eine zusätzliche, Helligkeit spendende Lampe zurückgegriffen werden, die auch Wärmestrahlung abgibt. Durch einen kleinen Lüfter kann die warme Luft, die sich im oberen Bereich des Terrariums sammelt, besser verteilt werden, sodass in Kombination mit ausreichend Lüftungsöffnungen keine warme Stauluft entsteht, die eine mögliche Ursache für Atemwegserkrankungen sein kann. Sollten die nächtlichen Temperaturen am Terrarienstandort langfristig deutlich unter 18 °C sinken, ist allerdings der Einsatz einer schwachen Heizquelle notwendig, um Minimaltemperaturen von ca. 18–20 °C sicherzustellen. Kurzzeitiges Abfallen der Temperatur auf 15 °C wird vertragen, jedoch sollten solche Werte die Ausnahmen bleiben.

DER PRAXISTIPP
Es empfiehlt sich, innerhalb des Terrariums Zonen mit unterschiedlichen Temperaturwerten anzubieten. Lokal unter einem Strahler kann die Temperatur durchaus bis zu 50 °C betragen. So bewegt man die Leguane zu thermoregulatorischen Maßnahmen und folglich zu einer erhöhten Aktivität.

Feuchtigkeit

Auch wenn Schreibers Glattkopfleguan Trockengebiete mit teils wüstenhaftem Charakter bewohnt, wäre eine Übertragung der makroklimatischen Verhältnisse auf das Mikroklima im Terrarium ungünstig. Selbst in augenscheinlich trockenen Zonen ist das Vorhandensein von Feuchtigkeit für die Leguane in vielfältiger Hinsicht von großer Bedeutung. Trinkwasser wird zur Regulierung des Wasserhaushalts aktiv aufgenommen. Dies geschieht in erster Linie nach Regenfällen aus Lachen oder durch Trinken von Tautropfen. Zu diesem Zweck sollte stets eine mit frischem Wasser gefüllte, flache Trinkschale vorhanden sein und das Terrarium in regelmäßigen Abständen übersprüht werden. Während der Regenzeit kann dies ein- bis mehrmals täglich erfolgen, in den trockenen Monaten können auch einmal einige Tage

Mit Hilfe eines Vorratstanks, einer starken Pumpe und Zeitschaltuhren kann die Beregnung automatisch erfolgen.
Foto: T. Ackermann

Eine Beregnung mit preiswerten Kunststoffdüsen reicht für die Trinkwasserversorgung und lokale Befeuchtung vollkommen aus.
Foto: T. Clanzett

dazwischen liegen. Das „Beregnen" des Terrariums erfolgt mittels gängiger Blumenspritzen von Hand oder durch eine Beregnungsanlage automatisch. Bei einer festen Positionierung der Wasserdüsen ist zu berücksichtigen, dass immer dieselben Stellen beregnet werden und somit neben Trinkmöglichkeiten in Tropfenform automatisch Bereiche im Bodengrund mit einer gewissen Umgebungsfeuchte entstehen, die die Leguane als Unterschlupf oder Eiablagestelle nutzen können. So kann z. B. auch die Bepflanzung nach dem Wirkungsbereich der Regendüsen ausgerichtet werden. Die unteren Bodenschichten sollten in Anlehnung an die natürlichen Verhältnisse stets leicht feucht gehalten werden, da sich die Tiere gerne dorthin zurückziehen. Beispielsweise ist bei reinem Sandboden in den feuchteren Bereichen eine lockere, krümelig feuchte Beschaffenheit anzustreben. Bleibt das Bodensubstrat nach dem Zusammendrücken in der Hand gerade eben formstabil, ist eine günstige Konsistenz erreicht. Die relative Luftfeuchtigkeit außerhalb des Wirkungsbereiches der Strahler kann je nach Jahreszeit zwischen 40 und 70 % schwanken. Dabei kann man sich grob am Jahresverlauf der monatlichen Niederschlagsmenge (siehe Tabelle 1) orientieren.

DER PRAXISTIPP

Im Terrarium sollten normalerweise nur begrenzte Bereiche regelmäßig angefeuchtet werden, damit die Leguane Wahlmöglichkeiten haben. Je nach Bodenbeschaffenheit besteht bei intensiver Befeuchtung und ständiger Nässe die Gefahr der Fäulnis oder Schimmelbildung, die unbedingt zu vermeiden sind. Während der Simulation der Regenzeit ist darauf besonders zu achten.

Alternativ kann eine Befeuchtung des Bodengrunds durch Rohre erfolgen, die bis in die unteren Bodenschichten reichen und je nach Durchmesser gegen das Eindringen der Leguane abgesichert werden müssen. Gießt man in regelmäßigen Abständen eine entsprechende Menge Wasser hinein, bleiben die unteren Bodenschichten stets feucht. Ständige Nässe ist jedoch unbedingt zu vermeiden, da die Gefahr von Schimmelbildung und erhöhter Vermehrung von Mikroorganismen besteht.

Jahresrhythmus

Im tropischen Verbreitungsgebiet von *L. schreibersii* herrscht kein jahreszeitlich ausgeprägtes Temperaturgefälle wie in unseren gemäßigten Klimazonen. Auch die Tageslänge bleibt aufgrund der Nähe zum Äquator im Jahresverlauf relativ konstant. Trotzdem pflanzen sich die Leguane auf His-

Ernährung im Terrarium

EIN wichtiger Faktor für die langfristige Terrarienhaltung von *L. schreibersii* ist eine vollwertige und vor allem abwechslungsreiche Ernährung. Wie bei allen Aspekten der Terraristik kann man allenfalls versuchen, die Defizite im Vergleich zur Natur so gering wie möglich zu halten. Da nicht jeder die Möglichkeit besitzt, regelmäßig frisches „Wiesenplankton" zu keschern, sind der Bezug gezüchteter Futtertiere oder die eigene Zucht meist unumgänglich. Zahlreiche Versandfirmen und mit etwas Glück auch der ansässige Zoohandel bieten Futtertiere in guter Qualität an.

Zusätzlich können die Futtertiere mit einem entsprechenden Präparat in Pulverform eingestäubt oder mit vitaminisierter Flüssig-

Im Sommer bieten Wildwiesen in geschützter Lage ein reichhaltiges Nahrungsangebot an kleinen Fluginsekten. Es ist jedoch darauf zu achten, dass keine geschützten Arten gefangen werden. Daher ist es ratsam, sich anhand von Artenschutzlisten und Bestimmungsschlüsseln einen Überblick zu verschaffen, welche Arten des Fanggebietes bedenkenlos entnommen werden können. Foto: T. Clanzett

keit getränkt und direkt verfüttert werden. Diese Maßnahmen sind nicht bei jeder Fütterung erforderlich, bei der Aufzucht von Jungtieren und der Versorgung trächtiger Weibchen sind sie allerdings immer notwendig. Die

paniola nicht ganzjährig fort, sondern legen Ruhephasen verminderter Aktivität ein. Diese werden durch Regen- und Trockenzeit bestimmt. Mit Beginn der feuchteren Jahreszeit setzt auch die Fortpflanzungsperiode der Glattkopfleguane ein. Die geschlüpften Jungtiere finden nach den regenreichen Sommermonaten genügend Nahrung, um schnell heranzuwachsen. Im Terrarium müssen die typischen klimatischen Schwankungen nachempfunden werden, damit der Fortpflanzungszyklus ausgelöst und rhythmisiert wird.

DER PRAXISTIPP

Obwohl im Habitat die jahreszeitlich bedingten Temperaturschwankungen nur wenige Grad betragen, kann das Einhalten einer Ruhephase im Terrarium durch Absenken der Temperatur und Reduzierung der Beleuchtung wesentlich unterstützt und gesteuert werden.

Schreibers Glattkopfleguan benötigt zum Wohlbefinden eine reichhaltige Ernährung. Diese *Tettigonia viridissima* stellt eine willkommene Abwechslung auf dem Speiseplan dar. Der Schutzstatus einiger Heuschreckenarten Deutschlands ist beim Fang zu beachten. Foto: C. Becker

Fütterungsintervalle und -mengen hängen von der Jahreszeit, der Größe der Futtertiere und der Konstitution der Leguane ab. In den Sommer- und Herbstmonaten kann täglich gefüttert werden. Von Zeit zu Zeit sind ein oder zwei Fastentage ratsam. Auch wenn *L. schreibersii* durchaus sehr große Beutetiere bewältigen kann, ist die Gabe verschiedener kleiner Futtertiere auf Dauer sinnvoller und den natürlichen Gegebenheiten entsprechend.

Der Einsatz einer Futterschale vermeidet weitgehend das ungewollte Entweichen versteckt lebender Futtertiere wie z. B. Ofenfischchen oder Schaben und ermöglicht zumindest ansatzweise das Ausleben des Jagdtriebs von *L. schreibersii.* Sie sollte so platziert werden, dass sie von den Präsentierplätzen der Leguane aus einsehbar und gut erreichbar ist. Foto: T. Ackermann

Eine abwechslungsreiche Ernährung wird durch die vielfach eingeschränkte Auswahl im Zoohandel erhältlicher Futtertiere erschwert. Auch wenn der Mehlwurm – richtig ernährt – nicht so schlecht ist wie sein Ruf und von Glattkopfleguanen mitunter gerne gefressen wird, darf er nicht als preiswertes „Massenfuttertier“ dazu benutzt werden, sowohl Geld als auch Arbeitsaufwand zu sparen. Die Abwechslung spielt eine wichtige qualitative Rolle bei der Ernährung. Untersuchungen des Mageninhalts verschiedener Vertreter von *Leiocephalus* haben bis zu 20 verschiedene Futtertierarten ergeben (Micco et al. 1997; Nelson et al. 2001; Schreiber et al. 1993). Um die nötige Abwechslung sicherzustellen, sollten für die Ernährung von *L. schreibersii* im Terrarium mindestens vier verschiedene Futtertierarten zur Verfügung stehen.

Bei der gut gepanzerten, stattlichen Argentinischen Waldschabe eignen sich primär die kleineren Larven als Futter für *L. schreibersii.* Foto: T. Ackermann

Einige Arten lassen sich mit etwas Geduld ohne großen Aufwand halten und züchten. Dadurch ist die Qualität der Futtertiere eigenhändig bestimmbar, und in der Ergänzung durch über den Handel bezogene Arten steht eine „Grundpalette“ verschiedener Futtertiere zur Verfügung. Die Tabelle auf S. 40/41 gibt einen groben Überblick über einige leicht zu züchtende Futtertierarten, die für Schreibers Glattkopfleguan in Frage kommen. Für detaillierte Infos sei auf die weiterführende Literatur verwiesen.

Je nach Terrariengröße und -bauart ist das Hineingeben von Futtertieren nicht ohne Risiko, da sich manche Arten schnell verkriechen und sich unter Umständen über langen Zeitraum im Ter-

Raupen der Wachsmotte werden sehr gerne von Glattkopfleguanen gefressen. Da sie sehr fetthaltig und energiereich sind, sollten sie nur in Maßen verfüttert werden. Foto: T. Clanzett

Mit Trockenfuttermischung, Eierkartons und einer Standtränke zur Wasserversorgung lassen sich Schaben oder Grillen relativ geruchsfrei züchten. Foto: T. Ackermann

Ofenfischchen sind gut als Erstfutter für Jungtiere geeignet, da sie durch ihre Schnelligkeit den Jagdtrieb wecken.
Foto: T. Ackermann

Die Zuchtbehälter sollten einen dicht schließenden Deckel und ausreichend Lüftungsflächen mit ausbruchsicherer Metallgaze besitzen.
Foto: T. Ackermann

rarium halten oder gar vermehren. Schlimmstenfalls finden entwichene Futtertiere irgendwo in der Wohnung einen Platz mit günstigen Bedingungen – meist sehr zum Ärger der übrigen Hausbewohner. Um dieses Risiko zu umgehen, ist eine kontrollierte Verfütterung bestimmter Futtertiersorten mittels Pinzette sinnvoll.

DER PRAXISTIPP

Während der Zwischenlagerung beim Zoohändler lässt die Qualität der Futtertiere nach, da die Tiere meist längere Zeit ohne Nahrung und Feuchtigkeit in ihren Behältern verweilen. Es ist also ratsam, die erworbenen Futtertiere durch hochwertige Ernährung vor dem Verfüttern aufzuwerten, um die Versorgung der Terrarientiere mit allen notwendigen Nährstoffen zu gewährleisten.

Tab. 6: Übersicht geeigneter Futtertierarten für *Leiocepha*

Name	Behälter	Futter
Heimchen (*Acheta domesticus*) **Kurzflügelgrille (*Gryllus sigillatus*)** **Steppengrille (*Acheta assimilis*)** **Zweifleckgrille (*Gryllus bimaculatus*)**	hoch, glattwandig, Deckel dicht schließend, große Belüftungsfläche mit Drehtgaze, Eierkartons als weitere Lauffläche, Dosen mit feuchtem Torf o. Ä. zur Eiablage	Trockenfutter: Getreide- und Haferflocken, Weizenkleie, Fischfutter Feuchtfutter: Obst und Gemüse Wasserversorgung: Standvogeltränke mit Taschentuch am Auslass
Argentinische Schabe (*Blaptica dubia*) **Rote Schabe (*Shelfordella tartara*)**	hoch, glattwandig, Deckel dicht schließend, große Belüftungsfläche mit Drahtgaze, Eierkartons zur Vergrößerung der Lauffläche	Trockenfutter: Getreide- und Haferflocken, Weizenkleie, Fischfutter Feuchtfutter: Obst und Gemüse Wasserversorgung: Standvogeltränke mit Taschentuch am Auslass
Ofenfischchen (*Thermobia domestica*)	hoch, glattwandig, Deckel dicht schließend, mittlere Belüftungsfläche, Eierkartons als Lauffläche, Papprollen zur leichteren Entnahme, Wattebausche zur Eiablage	Trockenfutter: Getreide- und Haferflocken, Weizenkleie, Fischfutter Feuchtfutter: entfällt Wasserversorgung: erfolgt über die Luft, gefülltes Einmachglas im Behälter mit Tuch und Gummi abgedeckt, kein direkter Kontakt mit Wasser
Große Fruchtfliege (*Drosophila hydei*)	Dosen oder Gläser bis 500 ml Volumen, Abdeckung mit Gummi und Haushaltstuch, Knäuel Holzwolle	2-3 cm fester Nährbrei aus Banane, Weizenkleie, Hefe und ein wenig Essig

reibersii

Temperatur	Eignung als Futtertier
ca. 30 °C	Kleinere bis mittlere Larvenstadien; Heimchen und Kurzflügelgrille auch als Imago; als Hauptfutter gut geeignet
ca. 30 °C	Argentinische Schabe: Nur kleinere Larvenstadien; als Hauptfutter geeignet; kontrollierte Fütterung von Pinzette ratsam Rote Schabe: Larven und Imagines; als Hauptfutter gut geeignet; kontrollierte Fütterung von Pinzette ratsam
ca. 35-40 °C	Larven und Imagines; schnelle, weiche Beute, regt den Jagdtrieb an
ca. 25 °C	Imagines; flugunfähige Mutante besser geeignet

Name	Behälter	Futter
Wachsmotte (*Galleria mellonella*)	Hartplastikdosen oder Einmachgläser mit 500 ml Volumen, große Lüftungsfläche mit feiner Metallgaze	knetbarer Futterteig: aus 1 Teil Honig, 1 Teil Trockenmischung (Haferflocken, Weizenkleie, Legemehl, Prise Backhefe)
Mehlkäfer (*Tenebrio molitor*)	flach, glattwandig, Grundfläche 20 x 30 cm, große Belüftungsfläche mit Drahtgaze, Eierkartons oder Haushaltstücher als Verstecke und Lauffläche	Trockenfutter: Getreide- und Haferflocken, Weizenkleie Feuchtfutter: Obst und Gemüse Wasserversorgung: Flache Schale mit nassem Tuch
Getreideschimmelkäfer (*Alphitobius diaperinus*)	flach, glattwandig, Grundfläche 20 x 30 cm, Deckel dicht schließend, große Belüftungsfläche mit Drahtgaze, Eierkartons oder Haushaltstücher als Verstecke und zusätzliche Lauffläche	Trockenfutter: Getreide- und Haferflocken, Weizenkleie Feuchtfutter: Obst und Gemüse, Fisch Wasserversorgung: Flache Schale mit nassem Tuch

DER PRAXISTIPP

Zur ökonomischen Futtertierzucht kann beispielsweise die Abwärme des Beleuchtungskastens auf dem Terrarium genutzt werden. Die Wärme von unten verhindert auch weitgehend Fäulnis oder Schimmelherde in den Zuchtbehältern.

Ebenso eignen sich große, flache Schalen wie z. B. Aufschnittdosen bestens, um lebende Futtertiere kontrolliert zu verfüttern. Dazu schneidet man ein großes Loch in den möglichst transparenten Deckel, sodass etwa 1–2 cm Rand übrig bleiben. So entsteht eine unüberwindbare Barriere für alle Futtertiere, die nicht springen oder fliegen können. Die etwa 5–7 cm tiefen Dosen werden am besten bis zum Rand in den Bodengrund eingegraben, damit sie nicht umkippen und die Leguane von ihren Ansitzen aus gute Einsicht haben. Die Futtertiere laufen in der flachen, möglichst großflächigen Schale umher

Temperatur	Eignung als Futtertier
ca. 25 °C	Raupen, Imagines; in Maßen verfüttern, da sehr fetthaltig
ca. 30 °C	Larven, Imagines nur in Maßen verfüttern, da schwer verdaulich
ca. 30 °C	Larven („Buffalos"), Imagines; nur in Maßen verfüttern

und können so von den Leguanen erbeutet werden. Insbesondere schnelle und lichtscheue Futtertiere wie Ofenfischchen oder Schaben, aber auch sich vergrabende Arten wie Mehlwurm und Getreideschimmelkäferlarven bleiben für die Leguane sichtbar. Das Risiko des Entweichens wird somit auf ein Mindestmaß reduziert, und die lebenden Insekten können naturgemäß im kurzen Sprint vom Ansitz aus erjagt werden.

WUSSTEN SIE SCHON?

Manche Exemplare von *L. schreibersii* nehmen auch pflanzliche Kost zu sich. Im Terrarium konnte das Fressen zerkleinerter Löwenzahnblüten, Hahnenfußblüten, Roter Johannisbeeren, Weintrauben, Erdbeeren und Bananen beobachtet werden. Insbesondere Nachzuchttiere lassen sich durch regelmäßiges Anbieten frühzeitig an pflanzliche Anteile im Nahrungsspektrum gewöhnen.

Vermehrung im Terrarium

DAMIT Schreibers Glattkopfleguan zur Fortpflanzung schreitet, sind einige Voraussetzungen zu erfüllen.

- Die mikroklimatischen Verhältnisse sind den Habitatbedingungen und dem dort herrschenden Jahresrhythmus anzupassen.
- Ausreichend Aktionsraum unterstützt Präsentations- und Balzrituale als Vorbereitung zur Paarung.
- Nicht paarungsbereite Weibchen sollten stets Rückzugsmöglichkeiten besitzen.
- Geeignete Eiablageplätze müssen zur Verfügung stehen.
- Eine vollwertige Ernährung ist die Grundlage für eine gesunde Vermehrung.

Ruhephase

Damit die Paarungsbereitschaft von *L. schreibersii* im Terrarium ausgelöst wird, ist in Anlehnung an die natürlichen klimatischen Bedingungen im Verbreitungsgebiet eine Ruhephase mit verminderter Aktivität einzuhalten, deren Dauer im Terrarium zwischen 2 und 5 Monaten (B. Sauer, mdl. Mittlg.) variieren kann. Obwohl die Leguane während dieser Phase weitgehend inaktiv sind, sollte lokal immer eine Möglichkeit bestehen, die Aktivitäts- und Vorzugstemperatur zu erreichen und bei Bedarf Wasser oder Nahrung aufzunehmen. Die Einleitung der Ruhephase wird durch folgende Maßnahmen unterstützt:

- Absenkung der Feuchtigkeit, indem die Beregnungsmenge und -dauer verringert werden, bis die Befeuchtung schließlich ganz eingestellt wird
- Rückgang der Tagestemperaturen um 5–10 °C, wobei 18 °C langfristig nicht unterschritten werden sollten
- Reduzierung der Beleuchtungsintensität, indem ein Teil der Beleuchtung abgeschaltet wird
- Verminderung der Beleuchtungsdauer auf 9–10 Stunden täglich

Für die beschriebenen Maßnahmen empfiehlt es sich, eine allmähliche Gewöhnung über einen Zeitraum von 2–3 Wochen einzuhalten. Bei der Beendigung der Ruhephase ist diese Gewöhnungszeit nicht zwingend erforderlich, da *L. schreibersii* erfahrungsgemäß erst wieder aktiv wird, wenn sich

Hier nähert sich das Männchen geduckt mit ruckartigen Bewegungen einem paarungsunwilligen Weibchen. Foto: T. Ackermann

Das Männchen balzt mit schnellem Kopfnicken (Kommunikationsmuster C), das Weibchen zeigt Beschwichtigungs- und Ablenkungsverhalten (Kommunikationsmuster H und I). Foto: T. Ackermann

Hier zeigt das ablehnende Verhalten des Weibchens Erfolg – das Männchen verliert das Interesse und wendet sich letztendlich ab. Foto: T. Ackermann

Beleuchtung, Temperatur und Feuchtigkeit deutlich steigern. Die Belüftung des Terrariums sollte so gewählt werden, dass auch dann keine schwüle Stauluft entsteht oder sich gar Kondenswasser dauerhaft an den Terrarienwänden niederschlägt. Angeregt durch das feuchtwarme Klima, beginnen die Männchen bald mit der Balz. Ein häufig zu beobachtendes Phänomen bei männlichen *L. schreibersii* ist das weitgehende Einstellen der Nahrungsaufnahme über weite Strecken der Paarungszeit. Diese Phasen können unter Umständen etliche Wochen anhalten und sind für gesunde, gut konstituierte Exemplare unbedenklich, solange kein nennenswerter Substanzverlust erkennbar wird. Magert der Leguan dagegen sichtbar ab, ist eine umgehende Kontrolle durch einen fachkundigen Tierarzt ratsam.

DER PRAXISTIPP

Um den Beginn der Regenzeit zu simulieren, kann das Terrarium z. B. großzügig mit einer Gießkanne überbraust werden, sodass die Luftfeuchtigkeit kurzfristig auf 80 % und mehr ansteigt.

Paarung

Die Paarung wird durch Annäherungsversuche des Männchens eingeleitet, wobei dieses die Partnerin unter schnellen, vibrierenden Nickbewegungen verfolgt und bedrängt (Kommunikationsmuster C). Paarungsunwillige Weibchen reagieren mit leichtem Ducken, Krümmen des Rückens und Schwanzwedeln (Kommunikationsmuster H und I), vermutlich zur Ablenkung und Beschwichtigung des aufdringlichen Männchens. Reicht dies nicht, zeigt das Weibchen durch leichte, manchmal auch heftige Bissattacken seine Ablehnung. Lässt das Männchen trotzdem nicht ab, flüchtet das Weibchen schließlich außer Sichtweite.

DER PRAXISTIPP
Gegen Ende der Trächtigkeit sollte der Bodengrund an verschiedenen Stellen regelmäßig angefeuchtet werden.

Ist es dagegen paarungsbereit, erwidert es die vibrierenden Nickbewegungen und scheint das Männchen durch ruckartige, halbherzig anmutende Fluchtbewegungen zur Verfolgung zu animieren. Dieses läuft ihm in ebenfalls ruckartigen Intervallen nach, und schließlich kommt es zur Paarung. Dabei beißt sich das Männchen in der Nackenregion des Weibchens fest und trägt es manchmal auf diese Weise noch ein Stück weit durchs Terrarium. Schließlich verharrt das Paar an einer Stelle, und das Männchen versucht, seine Kloake unter die der Partnerin zu schieben. Dazu animiert es sie, den Schwanz anzuheben, indem es mit den Hinterbeinen einseitig kratzende Bewegungen auf ihrem Rücken ausführt. Das Männchen besitzt ein paariges, ausstülpbares Kopulationsorgan (die Hemipenes), von dem eine Hälfte, also ein Hemipenis, in die Kloake des Weibchens eingeführt wird. Über diesen Hemipenis gelangen durch eine Rinne an der Unterseite die Spermien zur Befruchtung in die Kloake des Weibchens. In dieser verschlungenen Stellung verharren die Leguane regungslos. Die Paarung kann mehrere Minuten dauern, es überwiegen jedoch die Beobachtungen, bei denen sie weniger als 30 Sekunden in Anspruch nahm. Während der Paarung sollten die Leguane nicht gestört werden, da sie diese sonst meist abbrechen.

Die Leibesfülle dieses trächtigen Weibchens deutet auf die unmittelbar bevorstehende Eiablage hin.
Foto: T. Ackermann

Eiablage

Nach erfolgter Paarung beginnen die Eier heranzureifen, und die Weibchen entwickeln einen enormen Appetit. Gerade in dieser Phase ist eine ausgewogene und gehaltvolle Ernährung wichtig, da eine beachtliche Eimasse samt Schalen gebildet werden muss. Die zu erwartende Gelegegröße schwankt je nach Konstitution und Alter des Weibchens zwischen fünf und acht Eiern. Nach zehn Tagen wirken die Weibchen deutlich fülliger. Einige Tage vor der Eiablage wird die Nahrungsaufnahme eingestellt, da die heranreifenden Eier fast die gesamte Bauchhöhle ausfüllen. Nach etwa 15 Tagen beginnt das hochträchtige Weibchen mit der Suche nach geeigneten Eiablageplätzen und führt vereinzelt Probegrabungen durch. Dabei prüft es anscheinend den Bodengrund auf die richtige Temperatur und Feuchtigkeit.

Vereinzelt kommt es vor, dass die Eier trotz ausreichender Ablagemöglichkeiten ohne Grabtätigkeiten einfach offen abgelegt werden. Meistens sind diese Eier nicht befruchtet. Ebenso kann es in seltenen Fällen passieren, dass trächtige Weibchen zwar offensichtlich Eier ausbilden, diese jedoch nicht ablegen, sondern nach einiger Zeit allmählich an Leibesfülle verlieren und die Eier anscheinend vollständig resorbieren. Die bei vielen Haltern gefürchtete „Legenot", bei der einzelne Eier oder komplette Gelege aus verschiedenen Gründen nicht abgesetzt werden können und die für Reptilienweibchen zahlreicher Arten einem sicheren Todesurteil gleichkommt, scheint bei *L. schreibersii* vergleichsweise selten aufzutreten. Dieser Vermutung fehlt es bislang allerdings an medizinischer und wissenschaftlicher Belegbarkeit.

DER PRAXISTIPP

Alternativ zu flachen Steinen können auch schräg eingegrabene Korkröhren den Bodengrund vor zu rascher Austrocknung schützen und Bereiche schaffen, die von den Weibchen gerne zur Eiablage genutzt werden.

Die eigentliche Eiablage erfolgt, sobald ein adäquater Platz gefunden wurde. Dazu gräbt das Weibchen einen bis zu 40 cm langen Gang, dessen Eingang bevorzugt am Fuß großer Steine, Wurzeln oder Pflanzendickichte liegt. Offene, ungeschützte Stellen werden eher gemieden, es sei denn, es kommt kein anderer Eiablageplatz in Frage. Bewährt haben sich im Wirkungsbereich der Wärmestrahler schräg eingegrabene, flache Steine, die mit ihrer Abwärme für die nötige Bodentemperatur sorgen und gleichzeitig die unteren

Nach mehreren Probegrabungen wird meist in der Nähe von Steinen, Pflanzen oder Wurzeln ein Gang zur Ablage der Eier ins angefeuchtete Substrat getrieben. Foto: T. Ackermann

Die meist aus 5–8 Eiern bestehenden Gelege von Schreibers Glattkopfleguan sollten umgehend in einen Inkubator überführt werden. Foto: T. Ackermann

Im Anschluss an die Eiablage wird der Gang vom Weibchen sorgfältig verschlossen und die Stelle immer wieder überprüft. Foto: T. Ackermann

DER PRAXISTIPP

Befruchtete Eier sind fast blütenweiß und prall, mit einer rosa Keimscheibe. Unbefruchtete Eier sind durch ihre meist geringere Größe und eine eher gelbliche Färbung erkennbar.

Substratschichten vor zu rascher Austrocknung schützen. Diese Stellen halten über einige Zeit ein relativ stabiles Mikroklima und werden daher von den Weibchen bevorzugt und wiederholt angenommen.

Die Ablage der etwa 15 x 8 mm großen, weißen Eier dauert mehrere Stunden, manchmal erscheint das Weibchen erst am nächsten Tag vor der Ablagehöhle. Die Ablagestelle wird sorgfältig verschlossen, sodass sie nach kurzer Zeit kaum noch zu erkennen ist. Dabei scharrt das Weibchen abwechselnd mit den Vorder- und Hinterextremitäten Bodengrund in Richtung Eingang, unterbrochen durch die ständige Überprüfung seines Werkes. Nach dem Verschließen der Höhle nimmt es meist ein ausgiebiges Sonnenbad, kehrt aber zwischendurch immer wieder zur Ablagestelle zurück. In den nächsten Tagen ist möglicherweise ein vermehrter Aufenthalt nahe der Ablagestelle zu beobachten. Das Weibchen hat nach der Eiablage einen beachtlichen Teil seiner Körpermasse verloren und wirkt nach dieser enormen Anstrengung im hinteren Körperbereich eingefallen. Trinkmöglichkeiten sollten in dieser Phase permanent verfügbar sein und werden nach der Eiablage meist ausgiebig genutzt. Binnen 1–2 Tagen sollte sich der Appetit des Weibchens wieder normalisieren. Die Zeitspanne der Regeneration ist erstaunlich kurz, Paarungen finden oft schon wenige Tage nach der Eiablage statt, sodass bei gesunden und gut genährten Tieren in der Fortpflanzungszeit etwa alle 3–4 Wochen mit Gelegen zu rechnen ist. Je nach Konstitution des Weibchens und den klimatischen Bedingungen im Terrarium sind 5–8 Gelege – unter Umständen über 40 Eier – in einer Fortpflanzungsperiode keine Seltenheit. Für gesunde Weibchen stellt diese Belastung normalerweise kein Problem dar, es kann je nach Paarungsdruck durch das Männchen aber ratsam sein, das Weibchen zur Regeneration zeitweise zu separieren.

Inkubation

Die Eier von *L. schreibersii* besitzen eine weiche, feuchtigkeitsdurchlässige Schale, können folglich Wasser aufnehmen und abgeben. Daher benötigen Gelege zur erfolgreichen Entwicklung ein ausgeglichenes Mikroklima in ihrer unmittelbaren Umgebung.

DER PRAXISTIPP

Der richtige Feuchtigkeitsgehalt der Luft von etwa 90 % wird erfahrungsgemäß dann erreicht, wenn sich nach dem Anfeuchten des Substrats kein Wasser mehr per Hand aus dem Vermiculit pressen lässt.

Ist die Umgebungsfeuchtigkeit zu gering, verlieren die Eier an Volumen und trocknen ein. Liegen sie zu nass, nehmen sie zu viel Wasser auf oder schimmeln bei dauernder, hoher Kontaktfeuchte. Direkter Kontakt mit Wasser, etwa in Form von Kondenstropfen, wird nicht gut vertragen und kann u. a. zu Pilzbefall der Schale führen.

Gelege am Ablageort zu inkubieren, dürfte in den meisten Standardterrarien problematisch sein, da die mikroklimatischen Verhältnisse im Bodengrund nicht konstant genug sind. Sinnvoller ist es deshalb, die Eier in einen entsprechenden Inkubator zu überführen und dort zu zeitigen. Gute Erfahrungen wurden mit dem Selbstbau eines kleinen Motorbrüters gemacht (Bauanleitung in Köhler 1997). Dieser hat den Vorteil, dass die Umgebungstemperatur aufgrund eines Ventilators überall gleich ist, sodass sich

Gelege unmittelbar nach der Umbettung in den Brutbehälter Foto: T. Ackermann

Dasselbe Gelege nach 75 Tagen im Inkubator – der Volumenzuwachs ist deutlich zu erkennen. Foto: T. Ackermann

nicht so schnell Kondenswasser niederschlägt und den Eiern schadet. Solche und andere Brutkastentypen können Sie auch im Zoohandel erwerben.

Vor der Eiablage sind also rechtzeitig vorbereitende Maßnahmen zu treffen, um eine möglichst rasche Überführung in den Inkubator zu garantieren. Als Brutbehälter eignen sich z. B. Haushaltsdosen oder andere dicht schließende, wasserresistente Behälter. Ideal ist ein Volumen von mindestens einem Liter, damit die Bedingungen nicht zu stark schwanken. Ein gängiges Brutsubstrat ist Vermiculit – ein durch starke Hitzeeinwirkung aufgeschäumtes, mineralisches Dämmmaterial, das in unterschiedlichen Körnungen erhältlich ist und hervorragende Wasserspeicherkapazitäten aufweist. Das Brutsubstrat wird etwa 3–5 cm hoch in den Brutbehälter gefüllt und so weit angefeuchtet, dass eine Luftfeuchtigkeit von 90 % erreicht wird. Es empfiehlt sich, den Inkubator samt vorbereitetem Brutbehälter im Vorfeld ein paar Tage zu testen, um die richtige Feuchtigkeits- und Temperaturdosierung im Bedarfsfall anzupassen. Für die Zeitigung der Gelege kann der Brutbehälter leicht beschlagen, es darf sich jedoch nicht übermäßig viel Schwitzwasser bilden, das u. U. auf die Eier tropfen könnte.

Sind alle Vorbereitungen zur Überführung des Geleges getroffen, müssen die meist eng aneinander liegenden Eier im Terrarium vorsichtig geborgen werden. Bei befruchteten Eiern ist die blass rosa schimmernde, etwa 5–7 mm große Keimscheibe zu erkennen, aus der heraus sich der Embryo entwickelt. Die anfänglich frei schwimmende Keimscheibe gleitet zunächst bei Drehbewegungen des Eis stets an die Oberseite, da der Dotter den unteren Bereich einnimmt. Nach einer gewissen Phase – der Zeitpunkt bei *Leiocephalus* dürfte irgendwann in den ersten 24 Stunden liegen – beginnt das Ei, sich zu polarisieren, wodurch die Keimscheibe fixiert wird. Nach diesem Zeitpunkt dürfen die Eier nicht mehr um die Längsachse gedreht werden, da sonst im ungünstigsten Fall der schwere Dotter auf die Keimscheibe drücken und der Embryo absterben würde. Wird das Gelege dagegen kurz nach dem Absetzen umgebettet, braucht auf die ursprüngliche Lage der Eier wenig Rücksicht genommen zu werden.

Es gibt verschiedene Meinungen darüber, ob die Eier besser vollständig ins Brutsubstrat eingegraben werden oder nicht. Zur besseren Kontrolle ist es sinnvoll, das einzelne Ei maximal bis zur Hälfte in Vermiculit einzubetten. Nach dem Umsetzen des Geleges ist der Brutbehälter am besten dicht zu verschließen. Zur Kontrolle und zum nötigen Luftaustausch kann etwa alle zwei Tage der Deckel kurz geöffnet werden. Bei einer Temperatur von 27–28 °C schlüpfen die Jungtiere nach 70–80 Tagen. Die Inkubationstemperatur kann auch um 3–4 °C abweichen, wodurch sich die Inkubationszeit entsprechend verlängert oder verkürzt. Inwieweit die Zeitigungstemperatur direkten Einfluss auf die Geschlechterverteilung hat, wurde noch nicht umfassend untersucht, es konnte allerdings beobachtet werden, dass bei Temperaturen über 28 °C auffallend mehr Männchen schlüpften.

DER PRAXISTIPP

Es hat sich bewährt, die Eier jeweils im Abstand von mindestens 2 cm im Brutbehälter zu platzieren, da sie während der Inkubation deutlich an Umfang zunehmen und bei etwaigem Schimmelbefall ein direkter Kontakt zu vermeiden ist.

Schlupf

Etwa am 60. Tag bilden sich bei einigen Eiern binnen weniger Stunden dicke Tropfen klarer Flüssigkeit auf der Schale. Dieses Phänomen, das auch als „Schwitzen“ bezeichnet wird, tritt bei vielen Reptilienarten unmittelbar vor dem Schlupf auf. Bei *L. schreibersii* hingegen verschwinden diese Tropfen nach ein paar Tagen wieder, bis schließlich etwa zehn weitere Tage später die Jungen schlüpfen. Daher sollte man sich nicht verleiten lassen, Eier, die diese Tropfen nicht mehr zeigen, vorzeitig zu öffnen. Mit dem so genannten Eizahn ritzen die kleinen Leguane die Eischale an

Nach etwa 60 Tagen können Flüssigkeitstropfen auf den Eiern beobachtet werden, die binnen weniger Tage wieder verschwinden. Foto: T. Ackermann

Mit dem so genannten Eizahn ritzen die Schlüpflinge in einem Kraftakt die Eihülle auf, verharren aber oft noch mehrere Stunden im Ei, um sich zu erholen. Foto: T. Ackermann

Dieser Jungleguan hat soeben die schützende Eihülle verlassen und ist sofort selbstständig. Foto: T. Ackermann

einem Pol sternförmig auf und pressen schließlich den Kopf durch die Öffnung. In dieser Position verharren die nach der enormen Anstrengung noch erschöpften Schlüpflinge oft Stunden, manchmal sogar einen weiteren Tag, bis sie die Eihülle verlassen. Üblicherweise schlüpfen alle Jungtiere binnen zwölf Stunden. Spätestens 24 Stunden nach Verlassen der Eihülle können die Nachzuchten in entsprechende Aufzuchtbehälter gesetzt werden.

DER PRAXISTIPP
Es empfiehlt sich, frisch geschlüpfte Jungtiere noch mindestens einen weiteren Tag in der Brutbox zu belassen, da der Dotterrest am Bauch sonst möglicherweise mit Bodengrund verkleben kann und das Risiko einer infektiösen Erkrankung besteht.

Aufzucht

Schlüpflinge von Schreibers Glattkopfleguan zeigen eine charakteristische, kontrastreiche Jugendzeichnung, die denen adulter Weibchen ähnelt. Oberhalb der Achselgegend sind deutliche dunkle Flecken vorhanden, die individuell unterschiedlich stark ausgeprägt sind. Auf dem Rücken verlaufen scharf abgegrenzte, fast schwarze Querbinden bis auf den Schwanz.

Wie auch die erwachsenen Glattkopfleguane verhalten sich Jungtiere von *L. schreibersii* territorial und zeigen beim Anblick von Artgenossen Stress- oder Aggressionsverhalten. Empfehlenswert ist daher eine separate Aufzucht in kleinen Einzelterrarien, deren Grundfläche nicht unter 0,1 m² liegen sollte. Zwar gibt es immer wieder Berichte von gemeinsamer Aufzucht, aber bei den meisten Versuchen gab es früher oder später Probleme oder sogar Ausfälle durch gegenseitige Unterdrückung. Die Einrichtung kann übersichtlich sein, damit die Reinigung nicht unnötig erschwert wird. Zur Minimalausstattung zählen:

Die Einrichtung der kleinen Aufzuchtbehälter sollte zweckmäßig und leicht zu reinigen sein. Foto: T. Ackermann

- mindestens 5 cm hoher Bodengrund
- ein oder zwei flache Steine, die, leicht schräg gestellt, als Präsentierplatz und Unterschlupf dienen können
- eine flache Wasserschale mit Trinkwasser
- eine Pflanze als zusätzliche Deckung, an der nach dem Sprühen Wassertropfen hängen bleiben, die als Trinkwasser aufgenommen werden können
- eventuell ein Thermo- und Hygrometer zur Kontrolle der entsprechenden Werte

Mit einem solchen Lichtbogen lassen sich gleich mehrere Kleinterrarien ausleuchten und erwärmen. Foto: T. Clanzett

Im Alter von 5–8 Monaten beginnt bei den semiadulten Männchen der Umfärbungsprozess. Bis dahin ähneln sie in Färbung und Zeichnung weiblichen Exemplaren, wie bei diesem jungen Männchen zu erkennen ist. Foto: T. Clanzett

Es bietet sich an, die Kleinterrarien in Reihe aufzustellen. Eine kräftige Beleuchtung und Versorgung mit UV-Strahlung sind maßgeblich für eine erfolgreiche Aufzucht. Zur Ausleuchtung können bei flachen Terrarien (weniger als 30 cm) Leuchtstofflampen dienen, zur lokalen Erwärmung eignen sich jeweils kleine Halogenspots (Aufbaustrahler 10 oder 20 W), wobei auch hier die Wärmeentwicklung in den kleinen Behältern schnell kritische Werte erreichen kann und daher genau überwacht werden muss. Zur Versorgung mit UV-Strahlung empfiehlt sich beim Betrieb mehrerer nebeneinander platzierter Kleinterrarien die Verwendung spezieller Leuchtstofflampen, die in entsprechenden

Längen erhältlich sind.

Das Temperaturbedürfnis entspricht dem der adulten Leguane, wobei aufgrund der geringeren Ausweichmöglichkeiten im Aufzuchtbecken der lokale Höchstwert mit etwa 40 °C nicht we-sentlich über der Vorzugstemperatur liegen sollte. Bei der Aufzucht der kleinen Leguane ist auf eine ausreichende Versorgung mit Trinkwasser zu achten. Täglich mehrfaches Übersprühen des Behälters ermöglicht die Aufnahme von Wassertropfen und beugt gleichzeitig einem zu raschen Sinken der Luftfeuchtigkeit in den kühleren Bereichen vor. Ein Teil des Bodengrunds ist regelmäßig anzufeuchten.

In den ersten 1–3 Tagen beginnen die kleinen *L. schreibersii* mit der Nahrungsaufnahme. Gefressen werden kleine Heimchen, Ofenfischchen, „Buffalos", kleine Wachsmaden, Fruchtfliegen und frisch geschlüpfte Schaben. Es ist ratsamer, viele kleine Futtertiere zu verfüttern als wenige große, um Verdauungsproblemen vorzubeugen. Juvenile *L. schreibersii* sollten täglich gefüttert werden, wobei die Tiere notfalls auch einige Fastentage gut überstehen können. Auf ausreichende und stetige Anreicherung mit Vitaminen und Mineralstoffen der möglichst variablen Kost ist zu achten, um Mangelerscheinungen zu vermeiden, die sich z. B. in den gefürchteten Zitterkrämpfen oder rachitischen Symptomen äußern können.

DER PRAXISTIPP
Ausreichende Beleuchtung ist eine wesentliche Voraussetzung zur erfolgreichen Aufzucht. Ein Fensterplatz mit partieller Sonneneinstrahlung wirkt sich günstig aus, allerdings ist eine Überhitzung der kleinen Behälter unbedingt zu vermeiden und auf ausreichend große Lüftungsflächen zu achten.

Die anfangs starken Zeichnungskontraste verblassen im Laufe der nächsten Monate zunehmend, sodass die Jungtiere weitgehend adulten Weibchen ähneln. Im Alter von 5–8 Monaten beginnen die jungen Männchen sich allmählich umzufärben. Dabei sind zunächst vereinzelt rote Nuancen in den seitlichen Querbinden auszumachen, zu denen sich auch schon leichte bläuliche Färbungen gesellen können. Die charakteristische orange Augenmaske entwickelt sich meist zeitgleich. Der Prozess der Umfärbung verläuft jedoch nicht immer einheitlich, sondern kann in Zeit und Reihenfolge variieren. Üblicherweise erreichen die Nachzuchten die Geschlechtsreife nach der ersten Ruhephase.

DER PRAXISTIPP
Um Unfälle zu vermeiden, sollte Trinkwasser nur in flachen Schalen angeboten und mindestens alle zwei Tage erneuert werden.

DER PRAXISTIPP
Zur Stressvermeidung bei der Aufzucht in mehreren nebeneinander platzierten Behälter ist es sinnvoll, durch Abdecken der Seitenwände für Sichtschutz zu sorgen.

Krankheiten

BEI der Haltung von *L. schreibersii* kann es trotz guter Bedingungen zu Problemen und Erkrankungen kommen. Wildfangtiere sind häufig von Parasiten befallen, daher ist nach Erhalt der Leguane der Gesundheitszustand sicherheitshalber durch einen Besuch beim fachkundigen Tierarzt oder eine diagnostische Kotunter-

suchung durch eine spezialisierte Einrichtung zu klären. Es würde Rahmen und Anspruch dieses Buches sprengen, Indikation und Therapie diverser Krankheitsbilder abzuhandeln, daher sei an dieser Stelle auf die weiterführende Literatur verwiesen, die diese Thematik umfassend darstellt (ACKERMAN 2000; HACKBARTH 1992; KÖHLER 1996).

Um Mangelerscheinungen vorzubeugen, können Futtertiere durch Bestäuben mit Vitamin- und Mineralstoffpräparaten aufgewertet werden. Foto: A. Danier

Danksagung

FÜR die freundliche Überlassung von Bildmaterial danke ich Christine Becker (Markt Schwaben), Theo Clanzett (Kalkar), Andreas Danier (Schwetzingen) und Frank Henke (Aachen), für die kritisch konstruktive Unterstützung Martin Schmalenbach (Reichshof) und Monique Lambrix (Aachen).

Weitere Informationen

ZUR Vertiefung der in diesem Buch gegebenen Informationen und zum weiteren Einblick in terraristische und herpetologische Themenbereiche empfehlen sich die Mitgliedschaft in einem Verein gleich gesinnter Terrarianer sowie ein intensives Literaturstudium. Die folgenden Auflistungen sollen dabei behilflich sein, einen Einstieg in die Thematik zu finden, können aber natürlich nur einen kleinen Ausschnitt aufzeigen.

Vereine und Interessengruppen

Die Deutsche Gesellschaft für Herpetologie und Terrarienkunde (DGHT; www.dght.de; DGHT e. V., Postfach 1421, 53351 Rheinbach, Tel.: 0 22 25-70 33 33, E-Mail: gs@dght.de) ist mit über 8.000 Mitgliedern die weltweit größte Gesellschaft ihrer Art und bringt Wissenschaftler und Hobbyherpetologen zusammen. Mitglieder erhalten vierteljährlich mindestens drei verschiedene herpetologisch/terraristische Zeitschriften.

Innerhalb der DGHT existiert die „AG Iguana“ als Zusammenschluss interessierter Leguanpfleger. Die AG beschäftigt sich intensiv mit dieser vielseitigen Reptiliengruppe (Biologie, Vorkommen, Terrarienhaltung). Jährlich findet die traditionelle Tagung statt. Kontakt: Dr. Gunther Köhler, Rohrstr. 22, 63075 Offenbach, Tel.: 069-86777266, Fax: -86777571, E-Mail: gkoehler@senckenberg.de

Zeitschriften

- REPTILIA

Terraristik-Fachmagazin,
erscheint sechs Mal jährlich
Natur und Tier - Verlag GmbH
An der Kleinmannbrücke 39/41
48157 Münster, Tel.: 0251-133390
E-Mail: verlag@ms-verlag.de
www.ms-verlag.de

- DRACO

Terraristik-Themenheft,
erscheint vier Mal jährlich
Natur und Tier - Verlag GmbH, s. o.

- SAURIA

Terraristik und Herpetologie,
erscheint vier Mal jährlich
Terrariengemeinschaft Berlin e. V.
Bruno Treu
Christstr. 10, 14059 Berlin
www.sauria.de
E-mail: abo@sauria.de

- herpetofauna

Zeitschrift für Amphibien- und Reptilienkunde,
erscheint sechs Mal jährlich
herpetofauna Verlags-GmbH
Hans-Peter Fuchs
Römerstrasse 21, 71384 Weinstadt
Tel. 07151-600677
www.herpetofauna.de
E-Mail: info@herpetofauna.de

- DATZ

Die Aquarien- und Terrarien-Zeitschrift,
erscheint monatlich
Verlag Eugen Ulmer
Wollgrasweg 41, 70599 Stuttgart
Fax: 0711-4507120, www.datz.de

Untersuchungsstellen

Kotproben, Sektionen und andere Untersuchungen können von spezialisierten Tierärzten oder von veterinärmedizinischen Untersuchungsstellen, die es in vielen Städten gibt, vorgenommen werden. Eine Liste mit reptilienkundigen Tierärzten kann über die DGHT bezogen werden (oder im Internet unter www.dght.de). Überregional bekannt für Untersuchungen sind folgende Einrichtungen:

- Exomed

Am Tierpark 64
10319 Berlin

- Universität München

Institut für Zoologie, Fischereibiologie und Fischkrankheiten der tierärztlichen Fakultät
Kaulbachstr. 37
80539 München

- Justus-von-Liebig-Universität Gießen

Institut für Geflügelkrankheiten
Frankfurter Str. 87
35392 Gießen

- GEVO Diagnostik

Jakobstr. 65
70794 Filderstadt

Verwendete und weiterführende Literatur

A. Deutschsprachige Quellen mit allgemeinen Informationen zu *Leiocephalus*:

WERNING, H. (2000): Leguane. – DRACO 4, 1(4): 4–17.

NIETZKE, G. (1998): Die Terrarientiere 2. – 4. Auflage, Ulmer Verlag, Stuttgart

BOSCH, H. & H. WERNING (1991): Leguane. – Natur und Tier - Verlag, Münster

ROGNER, M. (2005): Echsen. – Ulmer Verlag, Stuttgart

RAUH, J. (2000): Grundlagen der Reptilienhaltung. – Natur und Tier - Verlag, Münster

SCHMIDT, W. & F.W. HENKEL (1995): Leguane. – Ulmer Verlag, Stuttgart

B. Englischsprachige Quellen mit speziellen Informationen zu *Leiocephalus*

FROST, D.R., M.T. RODRIGUES, T. GRANT & T.A. TITUS (2001): Phylogenetics of the Lizard Genus *Tropidurus* (Squamata: Tropiduridae: Tropidurinae): Direct Optimization, Descriptive Efficiency, and Sensitivity Analysis of Congruence Between Molecular Data and Morphology. – Molecular Phylogenetics and Evolution 21(3): 352–371.

JENSSEN, T.A. & D.L. MARCELLINI (1986): *Leiocephalus schreibersii* (curly-tailed lizard) tail autotomy. – Herp. Rev. 17(4):89.

JENSSEN, T.A., D.L. MARCELLINI, K.A. BUHLMANN & P.A. GOFORTH (1989): Differential infanticide by adult curly-tailed lizards *Leiocephalus schreiberisii*. – Animal Behaviour 38: 1054–1061.

MARCELLINI, D.L. & T.A. JENSSEN (1989): Thermal ecology of the tropical iguanid lizard, *Leiocephalus screibersi*. – Amer. Midl. Natur. 122(1): 44–50.

– (1991): Avoidance learning by the tropical iguanid lizard, *Leiocephalus schreibersii*: Implications for antipredator behavior. – J. Herpetol. 25: 238–241.

MICCO, S.M., G.J. LAHEY, R.A. SOSA, R. POWEL, E.J. CENSKY & J.S. PARMERLEE JR. (1997): Natural history of *Leiocephalus barahonensis* (Tropiduridae) on the Peninsula de Barahona, Hispaniola: an examination of two populations. – Herpetol. Nat. Hist. 5: 147–156.

NELSON, S.E., B.L. BANBURY, R.A. SOSA, R. POWELL & J.S. PARMERLEE JR. (2001): Natural history of *Leiocephalus semilineatus* in association with sympatric *Leiocephalus schreibersii* and *Ameiva lineolata*. – Contemporary Herpetology, Number 1, 2001. http://www.cnah.org/ch/ch/2001/1/index.htm

PREGILL, G.K. (1992): Systematics of the West Indian Lizard Genus *Leiocephalus*, Squamata: Iguania: Tropiduridae. – University of Kansas, Museum of Natural History, Lawrence, No 84, 69 S.

SCHREIBER, M.C., R. POWELL, J.S. PARMERLEE, JR., A. LATHROP & D.D. SMITH

(1993): Natural history of a small population of *Leiocephalus schreibersii* (Sauria: Tropiduridae) from altered habitat in the Dominican Republic. – Florida Sci. 56: 82–90.

SCHREIBER, M.C., R. POWELL & J.S. PARMERLEE, JR. (1995): *Leiocephalus schreibersii* (GRAVENHORST). – Catalogue of American Amphibians and Reptiles 613: 1–4.

C. Weiterführende Informationen zur Reptilienzucht

KÖHLER, G. (1997): Inkubation von Reptilieneiern. – Herpeton, Offenbach

D. Weiterführende Informationen zu Terrarienbau und -technik

ACKERMANN, T. (2002): Planung, Bau und Einrichtung eines Wüstenterrariums. – DRACO 10, 3(2): 26–40.

SAUER, K., B. STECK, H. SCHUCHART & H.-G. HORN (2004): Vivarienbeleuchtung. – Edition Chimaira, Frankfurt/M.

WILMS, T. (2004): Terrarieneinrichtung: Grundlagen, Materialien, Methoden. – Natur und Tier - Verlag, Münster

E. Weiterführende Informationen zur Futtertierzucht

BRUSE, F., M. MEYER & W. SCHMIDT (2003): Futtertiere. – Edition Chimaira, Frankfurt/M.

FRIEDERICH, U. & W. VOLLAND (1998): Futtertierzucht: Lebendfutter für Vivarientiere. – 3. Auflage, Ulmer Verlag, Stuttgart

F. Weiterführende Informationen zu Krankheiten

ACKERMAN, L. (2000): Atlas der Reptilienkrankheiten, Band 1 + 2. – bede-Verlag, Ruhmannsfelden

HACKBARTH, R. (1992): Krankheiten der Reptilien. – 2. Auflage, Franck-Kosmos, Stuttgart

KÖHLER, G. (1996): Krankheiten der Amphibien und Reptilien. – Ulmer Verlag, Stuttgart

Internetadressen

- www.embl-heidelberg.de/~uetz/
  „EMBL Reptile Database“ unter der Verantwortung von P. Uetz, R. Chenna, T. Etzold und J. Hallermann. Diese Datenbank bemüht sich, alle Reptilienarten mit ihren Erstbeschreibern, Verbreitungsgebieten, wichtiger systematischer Literatur und einigen Zusatzinformationen aufzuführen. Hier findet man auch alle *Leiocephalus*-Arten.

- www.leiocephalus.de
  Private Homepage des Verfassers mit Kurzinformationen zur Haltung von *Leiocephalus* im Terrarium

NTV

Terrarieneinrichtung

T. Wilms

128 Seiten, 118 Farbfotos

Format: 16,8 x 21,8 cm

ISBN 3-931587-90-8

19,80 €

Der weiterhin boomende Terraristiksektor bringt es mit sich, dass eine wachsende Industrie ein großes Angebot an diversem Zubehör vorlegt. Die Wahl fällt schwer, sind doch Einrichtung und technische Ausstattung des Terrariums von maßgeblicher Bedeutung für das Wohlbefinden seiner Bewohner, und Fehler auf diesem Gebiet werden durch ausbleibende Nachzuchterfolge hart bestraft.

Thomas Wilms, DRACO-Redakteur, erfahrener Praktiker und Wissenschaftler, beleuchtet in diesem Buch Vor- und Nachteile verschiedenster Einrichtungsmöglichkeiten, sagt Ihnen, was Sie wirklich brauchen, und hilft Ihnen somit nicht nur, einen optisch äußerst attraktiven Biotopausschnitt zu gestalten, sondern auch, effektiv Geld zu sparen – und natürlich, erfolgreich zu züchten.

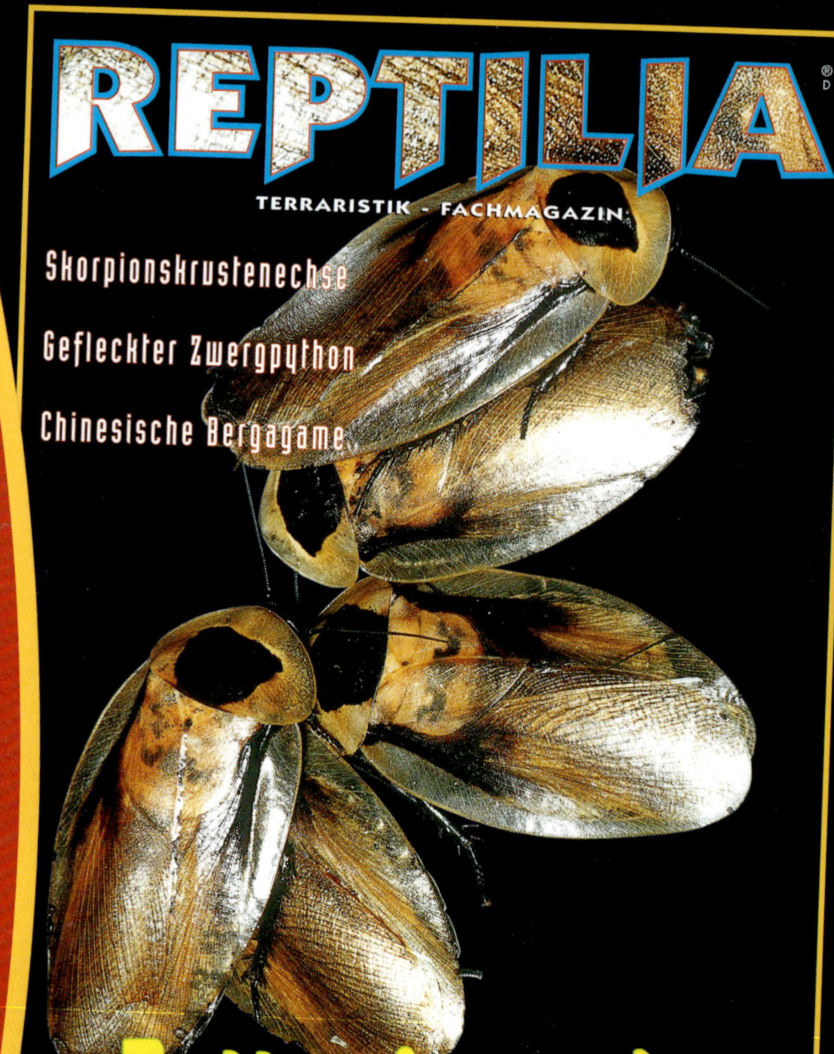
REPTILIA
TERRARISTIK - FACHMAGAZIN
Skorpionskrustenechse
Gefleckter Zwergpython
Chinesische Bergagame
Futtertierzuchten